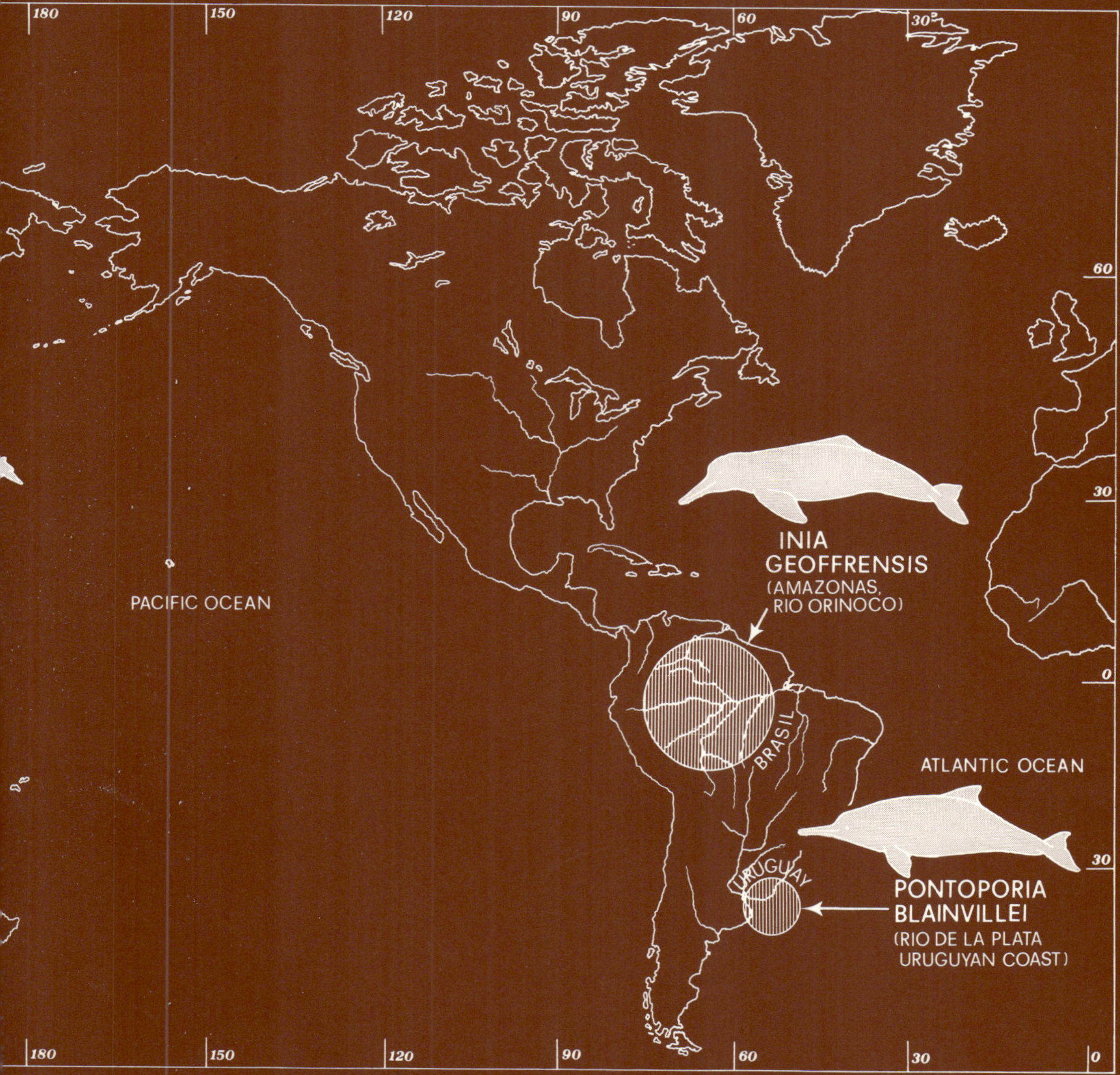

Geographische Verbreitung der Flußdelphine (Platanistidae). Eine Art, *Pontoporia blainvillei*, der La-Plata-Delphin, bewohnt das Meer.

Die Geheimnisse der blinden Delphine

Giorgio Pilleri

Die Geheimnisse der blinden Delphine

Hallwag Verlag Bern und Stuttgart

Umschlag und Gestaltung: Gerhard Noltkämper

Gesamtherstellung: Hallwag AG Bern
ISBN 3 444 10172 4

Inhalt

Genies der Evolution

«*Aasalamalekum, Sahib, my old friend! Glad to see you again, Sa'ab, dear friend from far Europe!*» Eine imposante Erscheinung – groß, breitschultrig, riesiger Brustkasten, feurige Augen – arbeitete sich wild gestikulierend durch die Menge der Wartenden, der Stehenden, Hockenden, Sitzenden, Liegenden, zu uns heran. Über Berge von Gepäck, Koffern, Bündeln, Ballen, Säcken, durch einen Wirrwarr von Männern, Frauen, Kindern, Haustieren pflügte er sich hindurch, mein pakistanischer Freund, blieb vor mir stehen, schaute mich freudestrahlend an und umarmte mich.

Das geschah am damals noch recht familiär wirkenden Flughafen von Karachi. Und es war Natha, der mich so begrüßte. Er ist mein pakistanischer Shikar – so werden hier die Tierfänger bezeichnet –, und er hatte meine Ankunft sehnlichst und dabei doch mit der unendlichen Geduld eines Moslems erwartet. Wir waren also alle beisammen, Natha, meine Assistentin Janet Knuckey und ich. Drei, die zumindest den Zipfel einiger Rätsel lüften wollten, welche die Natur der ewigen Neugier und dem Forscherdrang des Menschen aufgegeben hat.

Doch daß wir hier in diesem Kunterbunt des Mittleren Ostens einander trafen, das hat eine lange Vorgeschichte: 50 Millionen Jahre! Denn genau betrachtet hatte bereits damals, als die ersten Urwale auftraten, die Natur über unsere Köpfe hinweg unser Rendezvous vorbereitet, das freilich nie zustande gekommen wäre, hätte sich nicht gerade hier im Indus aus diesen vorzeitlichen Lebewesen jener Abkömmling entwickelt, der uns so sehr interessierte.

Seltsames hat die Erde hervorgebracht, und zu den seltsamsten Schöpfungen der Evolution zählen wohl jene Lebewesen, die sich in langwieriger Weiterentwicklung einem Lebensbereich anpassen mußten, für den sie ursprünglich nicht geschaffen waren.

Seltsam mutet der Flug der Fledermaus an! Ein fliegendes Säugetier hat sich über alle Hemmnisse hinweg entwickelt, die sich dem Werden eines solchen Geschöpfes entgegenstellen: Das Flugprinzip «Schwerer als die Luft» wurde ohne leichte Röhrenknochen gemeistert, ohne Schwungfedern, ohne aerodynamischen Körperbau. Denn alles beim Säugetier spricht ja gegen das Flugvermögen! Etwa das Wachsen des Jungen im Mutterleib anstelle der Eiablage. Das Säugen eines hilflosen Neugeborenen im Flug statt der bequemen Nestfütterung. Schließlich die höhere Körpertemperatur und – mit dem enormen Energieverbrauch des Flatterfluges verbunden – der unverhältnismäßig größere, ja gewaltige Nahrungsbedarf.

Und dennoch hat die den Säugern innewohnende erstaunliche Lebenskraft sich auch das Medium Luft erobert.

Ebenso seltsam die Existenz der Meeressäuger! Wale und Delphine haben sich dem Wasserleben nicht nur ideal angepaßt, sie haben sogar die altangestammten Bewohner dieses Elementes übertroffen. Mit einer Länge bis zu 30 Metern und einem Gewicht bis zu 150 Tonnen sind die Blauwale die weitaus größten Lebewesen, die je auf Erden existierten. 150 Tonnen, das sind rund 200 Volkswagen oder rund 1500 Einwohner einer aus lauter Schwergewichtlern bestehenden Kleinstadt. Der Wal-Appetit ist dementsprechend groß. Abgesehen von den Bartenwalen, die sich von den kleinsten Meereslebewesen, dem Plankton, nähren, das sie mit ihrem scheunentorgroßen Maul unablässig aus dem Wasser seihen, verzehrt etwa der Pottwal, der größte der Zahnwale, 20 Meter lang und 40 Tonnen schwer, Unmengen von Kraken. Und «des Hammers greuliche Ungestalt (...), der entsetzliche Hai, des Meeres Hyäne», wie Schiller ihn besingt, nimmt Reißaus vor dem wohl gefährlichsten Tier, das es heute gibt, vor dem Mörderwal, auch Killer genannt. Vor einem Säugetier also. Der Mörderwal gehört gleichfalls in die Gruppe der Zahnwale und verbindet eine seiner Größe entsprechende Kraft – er wird immerhin bis zu neun Meter lang – mit der den Fischen unvergleichlich überlegenen Intelligenz der Säugetiere. Er jagt in Rudeln, ja er veranstaltet methodische und organisierte Treibjagden.

Und dabei haben sich die Meeressäuger, wie die meisten Forscher annehmen, so wie alle anderen Säugetiere in einem ganz anderen Lebensbereich entwickelt, nämlich auf dem Festland. Ihr Skelett weist Oberarm, Unterarm und Hand auf – nur eben zu Flossen umgestaltet und für die Lebensweise im Wasser umgeformt. Es scheint, als ob nach einer langwierigen Entwicklung die Lebewesen des Wassers sich das Festland erobert und sich dort in verschiedenen Arten immer besser den neuen Bedingungen angepaßt hätten, bis mit dem Säugetier die höchste Entwicklungsstufe erreicht war. Und dann, scheint es, hat ein Zweig dieser Tierklasse kehrtgemacht und ist den ganzen langen Weg zurückgegangen. Allerdings auf einer höheren Ausbildungsebene.

Das Merkwürdige daran ist jedoch, daß der Werdegang dieser Entwicklung vom Land- zum Wassersäuger kaum zu belegen ist. Knochenfunde aus dem Eozän, rund 50 Millionen Jahre alt, lassen in dunklen Umrissen einen «Urwal» erkennen. Ohne Übergangsformen ist er plötzlich da.

Die Frage, wie die Wale geworden sind, kann heute noch nicht beantwortet werden. Einige Forscher nehmen ein küstenbewohnendes Säugetier als Vorfahren an, das seine Jagdgründe immer mehr ins Meer hinein verlegte, bis es Lebensgewohnheiten entwickelte, die dieses Element zu seiner Heimat machten. Andere Forscher sehen in den Walen eine Seitenlinie, die gemeinsame Ahnen mit der Robbe hat; dafür gibt es sogar einen Namen, die Creodonten. Und schließlich vermuten wieder andere eine Verwandtschaft mit unseren schlichten Paarhufern. Jedenfalls aber sind es ursprünglich Landspezialisten gewesen, die sich grundlegend umspezialisierten, um in einem fremdartigen Bereich erfolgreich existieren zu können. Und sie taten es so gründlich, daß das Aussehen der Wale dem ihrer Urahnen – denn alles Leben kommt aus dem Wasser –, der Fische, wieder ähnlich wurde. Wir nennen diese Ähnlichkeit im Aussehen konvergente Anpassung.

Wie ihre Verwandten in der Luft, die Fledermäuse, meisterten die Wale die angesichts ihrer Lebensnotwendigkeiten schier unüberwindlich scheinenden Hindernisse des sie umgebenden Elements ausgesprochen bravourös. Man bedenke, daß Wale und Delphine Lungenatmer sind und ihr System der Sauerstoffversorgung lange Tauchzeiten zu bewältigen hat. Die Atmungs- und Kreislauforgane müssen daher gänzlich anders strukturiert sein, Lunge, Herz, Blutgefäße, das Blut selbst, ja es beginnt schon bei der Nase, die zum verschließbaren Blasloch auf der Kopfoberseite wurde. Die Sinnesorgane, die Nerven, das Gehirn, das Muskelsystem, alles muß dem andersartigen Milieu entsprechen. Schließlich hat die Haut dem salzigen Milieu standzuhalten, ihre Oberfläche muß den Gesetzen der Hydrodynamik gerecht werden, und ein dickes Speckpolster modelliert nicht nur einen strömungstechnisch günstigen Körper, es schützt auch vor tödlichem Wärmeverlust.

Die Jungen werden unter Wasser lebendig zur Welt gebracht, sie werden gesäugt. Schwimmen, ja selbst richtiges Atmen muß ihnen beigebracht werden. Infolge ihrer höheren Gehirnausbildung verfügen die «Schüler» dabei vielfach nicht über die grundlegenden Instinkte, die etwa einem Jungfisch den Lebensbeginn selbstverständlich machen. Die Meeressäuger müssen ihre Verhaltensformen vorwiegend individuell erlernen, das Schwimmen, später das Jagen und schließlich bei vielen Arten das soziale Zusammenwirken im Rudel. Die Verständigungsmittel sind nicht einfach durch die Farbe der Haut, durch die Form der Flossen oder durch rituelles Schwimmverhalten vorgegeben. Die Wale haben differenzierte Lautsignale auf der Basis des Schalles und Ultraschalles entwickelt. Das bedeutet, daß jedes Jungtier die Verständigung erst erlernen, «begreifen» muß. Die Forschung beschäftigt sich ja heute intensiv mit dem Problem, ob es sich bei dieser Verständigung nicht geradezu um eine Sprache handelt, die über rein empfindungs- und triebmäßige Mitteilungsinhalte hinaus auch abstrakte Gedanken vermitteln kann und damit unserer menschlichen Sprache vergleichbar ist.

Diese «Genies» der Meere haben den Menschen immer schon fasziniert. Zwei Schriftsteller der Antike, Plinius und Älian, berichten eingehend von Delphinen. Aristoteles begreift schon ihre Sonderstellung unter den Meeresbewohnern. Die Griechen verehrten den Delphin als einen Freund des Menschen und bestraften seine Tötung wie einen Mord. Ungezählt sind die Überlieferungen, nach denen Delphine Menschen vor dem Ertrinken oder vor Haien retteten. Eine altgriechische Münze zeigt einen Knaben, der auf einem Delphin reitet. Und in unseren Tagen werden an manchen Küstenstrichen Mauretaniens beim Fischfang die gelehrigen Delphine als Treiber eingesetzt. Ebenso auf einigen Inseln im pazifischen Raum. Und es hat den Anschein, als ob die Delphine, ihrer Aufgabe bewußt, in spielerischer Freude mitmachten! Wenn ein Delphin an der Küste auftaucht oder neben einem Schiff einherschwimmt, ist er ein gerngesehener Gast, und viele Völker betrachten ihn als gleichberechtigten Partner unter den Lebewesen der Erde. In einem Bundesstaat der USA wurde sogar ein besonderes Gesetz zum Schutze eines bestimmten Delphins erlassen, der durch seine Menschenfreundlichkeit und Zutraulichkeit eine Touristenattraktion darstellte. Die UdSSR ging voran, und die USA folgten vor einigen Jahren mit dem Verbot der Tötung von Delphinen überhaupt.

Schließlich eroberten sich diese Verwandten des Menschen mit ihren – übrigens auf Anhieb und ohne Dressur erlernten – Kunststücken in den großen Delphinarien das Herz aller, die ihnen jemals zusahen. In der ganzen Geschichte ist kein Fall bekannt, daß ein Mensch durch einen Delphin verletzt oder gar getötet worden wäre, nicht einmal der Mörderwal fällt den Menschen an. Es ist fast so, als ahnten und respektierten diese Tiere eine Art Verwandtschaft im Geiste.

Tiere?

Das ist die große Frage.

Eine Spur wird aufgenommen

Schon während meiner Studienzeit hatte mich unter allen Organen am meisten das Gehirn interessiert, dieses trotz aller darüber erworbenen Kenntnisse auch heute noch unenträtselte Gebilde, das imstande ist, mit seinen Funktionen die Schöpfung gleichsam in Denkmodellen nachzuvollziehen. Ich wandte mich der Hirnforschung zu, wobei ich im Berner Hirnanatomischen Institut eine ideale Schaffensstätte fand. Meine Forschungen galten der vergleichenden Hirnanatomie und den Grundlagen der Gehirnfunktionen.

Was befähigt etwa den Biber, seine kunstvollen Burgen und Dämme zu schaffen, die ihm als Behausung dienen, aber gleichzeitig auch komplexe Flußregulationssysteme darstellen? Wo ist die Grenze zwischen Instinkthandlung und Überlegung? Und wie vollzieht sich dementsprechend die Weiterentwicklung des Gehirns von niederen zu höheren Säugetierformen?

Im Rahmen meiner Untersuchungen wandte ich mich auch den Walgehirnen zu. Drei Monate präparierte ich auf Walfängern und Landstationen Gehirn und Rückenmark dieser Meeresriesen, um sie später im Laboratorium genauer untersuchen zu können. Weitere Expeditionen im Mittelmeerraum galten der Beobachtung des Delphins in seinem natürlichen Bereich. Bei all diesen Arbeiten sammelte ich nicht nur selbstgewonnene Ergebnisse, ich zog auch die vorhandene Fachliteratur heran, und dabei stieß ich auf eine kleine Schrift von vier Seiten Umfang aus der Feder eines im vorigen Jahrhundert in Indien tätigen Arztes, der sich nebenbei als Botaniker hervorgetan hatte. Es war der Aufsatz des Schotten William Roxburgh «An Account of a New Species of Delphinus», also ein Bericht über eine neue Delphinart, erschienen 1801 in Calcutta.

Roxburgh, damals Superintendent des Botanischen Gartens in Calcutta, beschreibt darin ein im Ganges gefangenes Exemplar eines im Süßwasser lebenden Delphins. Kopf, Zähne, Zunge, Augen, äußere Gehörgänge, Flossen und Genitalien sind erwähnt, und Roxburgh berichtet auch, daß die Eingeborenen diese Delphine jagen und aus ihnen ein Öl gewinnen, das sie zu medizinischen Zwecken verwenden. Diese neue Gattung aus der Familie der Flußdelphine wurde später von Cuvier *Platanista* genannt, Roxburghs im Ganges lebende Spezies *Platanista gangetica.* Man entdeckte noch weitere Arten des Flußdelphins, die *Platanista indi* des Indus, die *Inia geoffrensis* des Amazonas, die *Pontoporia blainvillei* oder den La-Plata-Delphin und den *Lipotes vexillifer* des Jangtsekiang. Alle diese Flußdelphine haben große Ähnlichkeit miteinander, sind jedoch in ihrer Verhaltensweise recht verschieden.

Die wissenschaftliche Literatur hat bisher nur sehr wenige Aufzeichnungen über Flußdelphine aufzuweisen. Und nur das British Museum in London und die Museen in Paris und Kopenhagen sind im Besitz einiger Präparate dieses Tieres.

Das alles spornte meine Wißbegier an. Denn es ist heutzutage eine große Seltenheit, daß ein hochentwickeltes Wesen weder in seiner organischen Struktur noch in seiner Lebensweise eingehend erforscht ist. So nahm ich mir vor, den Geheimnissen dieses fast völlig unbekannten Tieres auf die Spur zu kommen.

Ich setzte also bei Roxburgh den Hebel an und wandte mich unter Berufung auf seine Schrift an den Direktor des Zoologischen Instituts in New Delhi. Er übersandte mir das Präparat eines Gangesdelphins, eines «Susu», wie er dort wegen des Lautes, den er beim Auftauchen durchs Atmen erzeugt, genannt wird. Mit diesem Präparat hatte ich allerdings nicht viel Freude. Es handelte sich um einen zufällig gefangenen Jungdelphin aus dem Yamuna, der dem dortigen Institut für ein Paar Rupien verkauft worden war. In der Gefangenschaft war er jedoch bald eingegangen, und man hatte ihn leider erst nach ein paar Tagen in Formalin gelegt. Die Hitze hatte daher schon ihre Wirkung getan, der Kopf war halb verfault, und das ganze Präparat – wenn es diesen Namen überhaupt verdiente – war mit Ausnahme der Knochen völlig unbrauchbar.

Also mußte ich mich wohl selbst umsehen, wenn ich etwas erreichen wollte. Ich flog nach Pakistan, wo ich mich in Karachi umtat und aufgrund einiger Empfehlungen erste Kontakte aufnahm. Dann bereiste ich die Ganges-Brahmaputra-Gegend, um hier zu sondieren.

Die pakistanischen Kollegen hatten mir erklärt, daß der Indusdelphin ausgestorben sei. Vor allem die Kette der Staudämme, die den Induslauf zerstückeln, habe zum Untergang dieser Spezies geführt. Seinerzeit waren diese gewaltigen Anlagen von den Briten zur Bewässerung der Indusebene und der Sindwüste errichtet worden, teilweise auch zur Elektrizitätsgewinnung. Nur nebenbei: Mit einem Netz von 50000 Meilen künstlicher Bewässerungskanäle dürfte es sich allein bei dem von der Lloydsperre bei Sukkur ausgehenden System um die ausgedehnteste Anlage dieser Art handeln. Diese Bewässerungsanlagen haben, was vordem Wüste war, fruchtbar gemacht und waren der Stolz aller beteiligten Hydrologen. Bis sich jetzt, nach vierzigjährigem Bestand, ungeahnte schädliche Folgen zeigen. Die Bewässerung begann den Boden so auszulaugen, daß sein Salzgehalt einen Grad erreichte, welcher in großen Räumen keine Pflanze mehr gedeihen läßt. Und mit jedem Tag nimmt die unfruchtbare Fläche an Ausdehnung zu. Fieberhaft sucht man heute nach Methoden, diesem Prozeß entgegenzuwirken, die Sünden der Vergangenheit wiedergutzumachen und den Kreislauf der Natur, in den der Mensch eingegriffen hat, wieder in Ordnung zu bringen.

Jedenfalls haben diese Staudämme – insgesamt sechzehn im Laufe des Indus – die Verbreitungsgebiete der Flußdelphine voneinander getrennt. Im Unterlauf sind sie verschwunden, und so hieß es, sie seien ausgestorben.

Auch in Indien bot sich zunächst keine Möglichkeit, entsprechende Nachforschungen anzustellen. Ein wenig entmutigt kehrte ich heim. Immerhin aber blieb ich in brieflicher Verbindung mit meinen Fachkollegen und neugewonnenen Freunden. Und plötzlich erhielt ich aus Pakistan ein Schreiben, eine wahre Freudenbotschaft: Mein dortiger Freund Taimur Afzal Khan teilte mir mit, er selbst habe im Gebiet von Sukkur oberhalb der Lloydsperre im Indus mit eigenen Augen eine Anzahl Indusdelphine gesehen.

Diese Nachricht alarmierte mich, und ich wollte so rasch wie möglich aufbrechen.

Aber der Mensch macht sich selbst alles immer komplizierter, als es sein müßte. Ich hatte einen Plan gefaßt, der die Expeditionsvorbereitungen nicht gerade vereinfachen sollte: Einige Exemplare dieser Flußdelphine sollten lebend in das Berner Institut gebracht und mit allen Möglichkeiten, die ein Laboratorium bietet, untersucht werden. Schon der Transport war ein großes Problem. Doch die eigentlichen Schwierigkeiten beginnen immer erst bei der Haltung von Tieren. Einem amerikanischen Institut, das über beträchtliche Geldmittel verfügte, war es gelungen, einige Flußdelphine zu fangen, man hatte sie auch heimtransportiert, dann aber verendeten sie kläglich im Bassin des Laboratoriums.

Daher war man wohl in der Schweiz der Meinung, daß ein solches Vorhaben undurchführbar sei. Unter Aufbietung meiner ganzen Überzeugungskraft gelang es mir jedoch schließlich, das Unternehmen zu sichern. Im Institut wurde sogar eine geeignete Beckenanlage für die Haltung der Tiere bereitgestellt.

Drei Gründe waren für mein Vorhaben bestimmend: Erstens traute ich mir aufgrund meiner bisherigen Erfahrungen im Tierfang und im Umgang mit Tieren zu, die Transportschwierigkeiten überwinden und die Tiere im Institut auch am Leben erhalten zu können. Zweitens widerstrebt es meinem Berufsethos als Wissenschaftler, ein Tier – und noch dazu ein so seltenes – zu fangen und um der

Untersuchung willen zu töten. Mit Grausen dachte ich an meine Zeit auf den Walfängern zurück, wo das Töten hochentwickelter Tiere schlechthin industriell betrieben wurde. Drittens erbringt die Untersuchung eines toten Lebewesens nur einen engbegrenzten und höchst unvollständigen Aspekt, denn gerade in der modernen biologischen Forschung sind Anatomie, Funktion und Verhalten voneinander nicht mehr zu trennen. Ein totes Tier ist nicht mehr es selbst, und so ist die Verhaltensforschung fast von größerer Wichtigkeit als das Sezieren.

Natürlich war das alles nicht gerade dazu angetan, mein Vorhaben zu erleichtern. Dennoch organisierte ich die Expedition unverdrossen weiter, besorgte die nötige Ausrüstung und bat Freund Taimur Afzal Khan in Pakistan, verschiedenes für mich vorzubereiten. Insbesondere sollte er mir den Shikar Natha verpflichten, der mich bei meinen Sondierungen begleitet und sich als hervorragender Helfer entpuppt hatte.

Bei der Abreise war mir schwer ums Herz. Trotz meines Optimismus machte ich mir Sorgen, ob alles gelingen werde. Ein Fehlschlag hätte jede Weiterarbeit in Frage stellen können.

Als meine Maschine vom Flughafen Kloten abhob, war aus dem Morgenrot meiner Zuversicht ein Trübgrau des Zweifels geworden, durchaus dem herrschenden nebligen Novemberwetter angemessen.

Sonntag, 10. November 1969. Nach dem langen Flug berührten die Räder der Maschine mit dem bekannten dumpfen Aufwuchten die Piste des Flughafens Karachi. Das Abenteuer der Forschung hatte begonnen.

«Aasalamalekum Sahib, my old friend!» Natha, die wild gestikulierende, imposante Erscheinung.

Dieser Mann war in seiner Art ein Genie. Ein unentbehrlicher Helfer, der vom Kochen bis zum Segeln und Fischen alle Arbeiten beherrschte, die eine solche Expedition überhaupt erst ermöglichen. Seine bemerkenswertesten Fähigkeiten aber entwickelte er beim Tierfang. Er hatte einen ausgesprochenen Instinkt für die Aufenthaltsplätze der Tiere; einen unerschöpflichen Einfallsreichtum für erfolgbringende Fangmethoden; ein gerade übernatürliches Einfühlungsvermögen in die Verhaltensweisen der verschiedenen Tiere. Und er betrachtete sie nicht mit der für die meisten Menschen typischen Arroganz, sondern als ebenbürtige Partner, die es zu überlisten und in ehrlichem Kampf zu bezwingen gilt. Vor allem aber opferte er sich für die gefangenen Tiere auf. Sie waren ihm anvertraut, er hatte sie ihrer Freiheit beraubt, und deshalb erachtete er es als seine Pflicht, so für sie zu sorgen, daß sie überlebten.

Nach Erledigung aller Formalitäten verstauten wir unsere Ausrüstung auf einem bereitstehenden Landrover, und am frühen Morgen des nächsten Tages fuhren wir in Richtung Hyderabad ab, um das etwa 450 Kilometer oberhalb der Indusmündung liegende Sukkur zu erreichen.

Die Straße war damals nur bis Hyderabad asphaltiert. Dann aber begann eine wahre Waschrumpel, die über alle Unbill der Schlaglöcher hinaus auch noch mit Geröll, Schotter und – streckenweise – feinem Sand garniert war. Die Kurven oder besser gesagt die plötzlich auftauchenden Ecken dieses Gebildes, das bei uns kaum den Namen Feldweg verdient hätte, waren mit dicken Strohballen ausgelegt: Leitschienen auf pakistanisch. Aber sie haben bei aller Primitivität dieser Vorrichtung schon manchem Fahrer eine längere Reise als die vorgesehene, nämlich die Reise ins Jenseits, erspart. Der

Die pakistanische Provinz Sind mit dem Unterlauf des Indus.

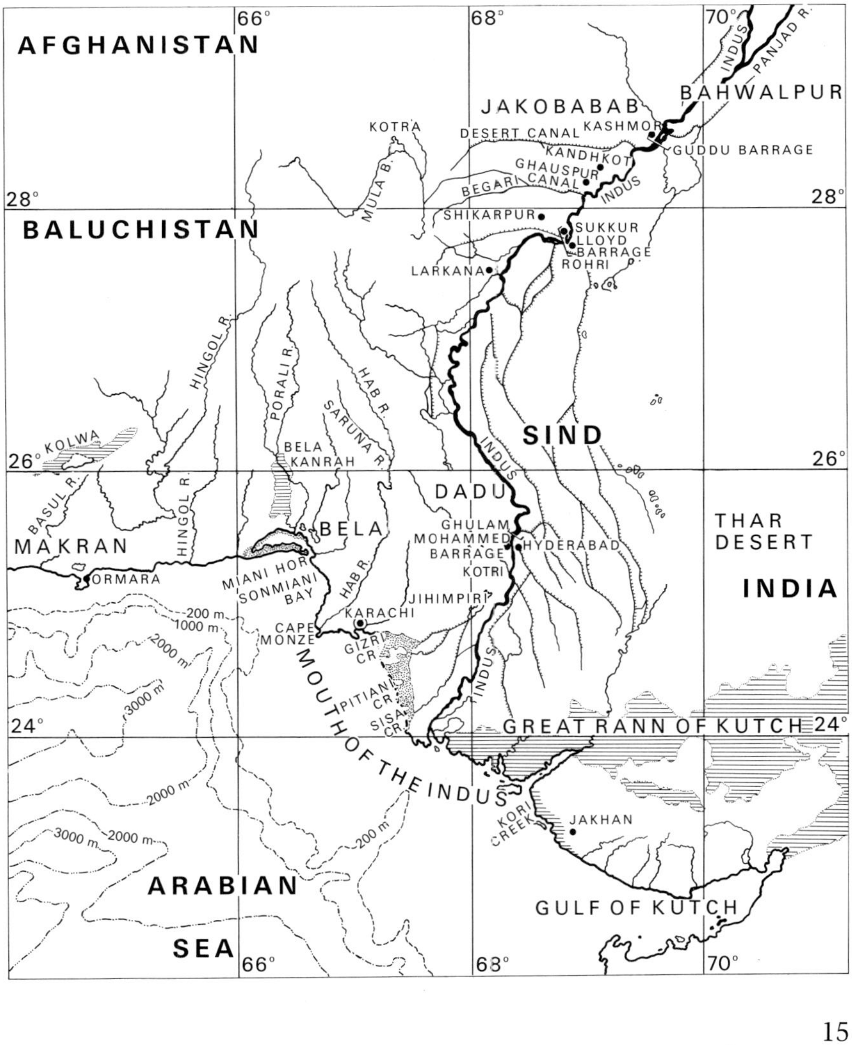

schaurigen Straße entspricht der auf ihr dahintobende Verkehr samt den Bizarrerien der oft urtümlichen Vehikel. Ein pakistanischer Lastwagen unterscheidet sich grundlegend von einem Automobil. Die aus dem Abendland kommenden technischen Produkte werden der pakistanischen Kultur einverleibt. Und das hat ihnen keineswegs geschadet. Im Gegenteil, sie wurden gemütlicher! Wo immer nur möglich mit Girlanden, Blumenmustern, Arabesken und Mäandern bemalt, mit Schnitzwerk und Laubsägearbeit geschmückt, drückt jedes einzelne dieser Vehikel das Wesen des Landes, die Persönlichkeit des Besitzers aus. Es sind fahrende Tempel, dahinsausende Chalets, kilometerfressende Grottenbahnwagen, die da bis zur Grenze des Absurden mit Getreide, Baumstämmen, Häuten, Fellen, Fischen, Fässern, rostigen Maschinen, Hausrat und allen nur denkbaren, darüber hinaus aber noch mit völlig unausdenkbaren Gütern beladen gen Süden rattern. Ihnen holpern nicht weniger überladene Jahrmarktsbuden entgegen. Die Fahrer in beiden Richtungen sind oft Tage und Nächte unterwegs, stehen nicht selten unter dem Einfluß aufpeitschender Drogen, mit denen sie ihre Übermüdung bekämpfen. Da Pakistan ein mohammedanisches Land ist, liegt sowieso alles in Allahs Hand, und auch der Straßenverkehr ist im Buch des Lebens verzeichnet. Angesichts dieses Fatalismus ist es kein Wunder, daß die Straße nicht mit Kilometersteinen, sondern oft mit Wracks gesäumt ist. Nicht selten stehen teils wild aufeinander einredende, teils phlegmatisch das Totalergebnis eines Frontalzusammenstoßes betrachtende Menschengruppen um die soeben entstandenen Blechruinen herum. Und unser Fahrer vermied nur mit äußerster Akrobatik und augenscheinlichen Psi-Begabungen, daß unser Landrover zu einem verrostenden Grenzmal am Schnittpunkt von Maschinenzeitalter und fernöstlichem Gottvertrauen wurde.

Die Fahrt führte durch den Sind, jene Wüste in der vom Unterlauf des Indus durchflossenen Ebene. Sie erstreckt sich zwischen den Kirtharbergen im Westen, der Wüste Thar im Osten, dem Pandschab im Norden und der Arabischen See im Süden.

Im Eozän dehnte sich hier die weite Fläche der Thetys, jenes warmen Meeres, das sich bis Mitteleuropa hinüberzog und damals das nördliche Angaraland vom südlichen Gondwanaland schied. Die Indische Halbinsel war überflutet, und auch das Himalajagebiet lag völlig unter Wasser. Indien verlandete weitaus früher als jene Gegend, aus der später die jetzt höchsten Gebirgsmassive der Erde emportauchen sollten. Durch ihr Emporfalten wurde die Thetys abgedrängt. Und man erklärt sich das im indopakistanischen Gebiet besonders häufige Vorkommen der Flußdelphine mit der durch die Verlandung erzwungenen Anpassung der meerbewohnenden Säugetiere an die ihnen verbliebenen Lebensräume, die Flüsse.

Verteilung der Staudämme auf dem Indus. Die geographische Verbreitung des Indusdelphins *(Platanista indi)* ist durch Pfeile angegeben.

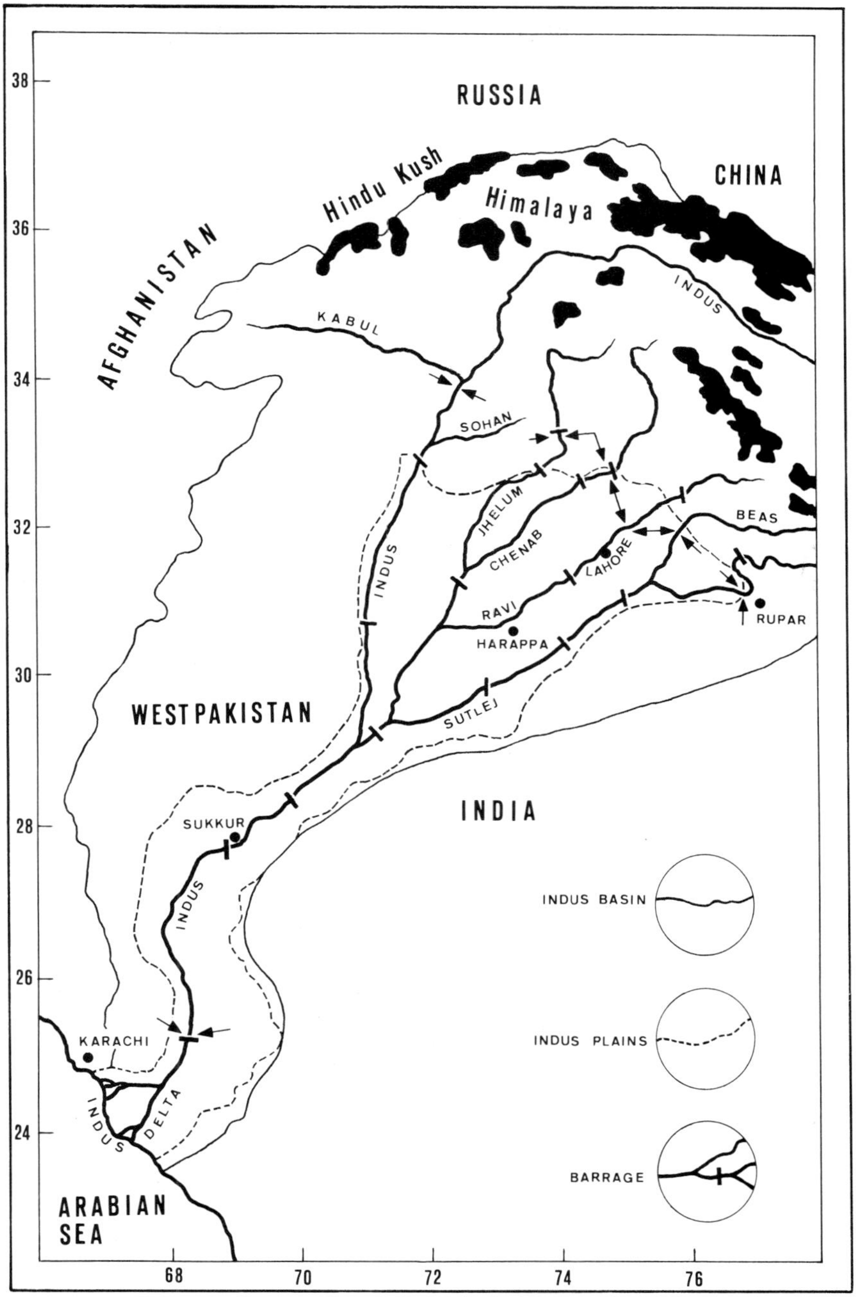

Über die Stufen dieser Anpassung konnte man allerdings noch keine Klarheit gewinnen, da, wie bei den Meeressäugern überhaupt, Fossilfunde auch aus Südasien nur spärlich vorliegen.

Nicht nur körperlich, sondern auch nervlich zerrüttet durch die Strapazen einer achtstündigen Fahrt unter den geschilderten Bedingungen, erreichten wir endlich Sukkur, die Stadt mit dem im Jahre 1932 vollendeten Staudamm, der Lloyd Barrage. Wir hielten uns nicht lange mit dem Bestaunen dieses unvergleichlichen Bauwerks auf, denn ich drängte zum Weiterfahren, meine Ungeduld wuchs hier am Ziel der Expedition mit jeder Sekunde. Wir schlängelten uns durch die engen Gassen zum Hafen.

Sukkur, das muß man wissen, breitet alle Eigenheiten orientalischen Lebens vor dem Besucher aus. Auf einer kleinen Anhöhe gelegen, deren steile Ufer sich zum Indus hinabsenken, hat die einstige kleine Ansiedlung sich gewaltig ausgebreitet. Vor den niedrigen Hütten des Hafens sitzen Frauen und flechten aus Tamariskenzweigen charakteristische runde Körbe. Kinderscharen, Haustiere, alte und junge Leute, Kranke und Gesunde, Händler, Gaffer, Geschichtenerzähler, alles bildet ein verwirrendes Kunterbunt, wie man es in Europa niemals sehen würde. Noch das ärgste europäische Gedränge mutet dagegen wie ein Kirchenchor an. Vielleicht weil die Menschen bei uns keine so fröhlichen Mienen haben? Wo wir stehenbleiben, umringt uns eine schwirrende, lachende, schwätzende Menge, und alle wollen uns aufs herzlichste begrüßen, wollen ein persönliches Wort mit uns wechseln, uns die Hand schütteln und von uns Geschichten aus der Fremde hören. Natha ist ein Meister des Beschwichtigens. Er sitzt auf dem Kotflügel und ruft der Menge mit weitausholenden Gesten etwas zu. Vielleicht verspricht er ihnen Märchen aus Tausendundeiner Nacht nach unserer Rückkehr – jedenfalls läßt man uns passieren und winkt uns freudig und aufgeregt nach.

Am Ufergelände Sukkurs liegen die Werften, wo Boote jeglicher Größe gezimmert werden. Manche von riesigen Dimensionen. Die Bootsbauer arbeiten ohne Pläne und Zeichnungen, allein aufgrund jahrhundertelanger Erfahrung. Und so wurde die Konstruktion dieser Schiffe durch alle Zeiten beibehalten.

Hier steigen wir endlich von unserem Landrover, und Natha führt uns durch ein Gewirr enger Gäßchen zum Indus. Das erste, was uns auffällt, sind die Wäscher, welche die Wäsche mit aller Kraft auf die flachen Ufersteine schlagen. Es klingt wie eine Kanonade. Ein Salut. Und da liegt auch unser *Katar,* wie unser mittelgroßes Boot hier heißt, im Indus vertäut.

Eine Schwierigkeit gibt es noch zu überwinden: Da unser Wagen von der höhergelegenen Straße nicht zum Ufer herunter kann, muß das Gepäck von Trägern umgeladen werden. Dabei wird jedes einzelne unserer Gepäckstücke, groß oder klein, Kisten, Koffer und Geräte, von Kindern und erwachsenen Schaulustigen bestaunt und auf dem Weg bis zum Katar verfolgt. Endlich ist alles verstaut, wir lassen eine Wache zurück, und Natha geleitet uns zum Basar, wo wir die nötigen Vorräte für die Expedition einkaufen müssen.

Als wir zurückkehren, ist auch die übrige Mannschaft eingetroffen und wartet bereits auf uns: Karamelei mit seinen drei Söhnen Ramatula, Danibax und Nazira. Ihnen gehört der Katar gemeinsam, und sie betreiben mit ihm eine Art Familienunternehmen. Mit ihrer Hilfe verstauen wir alle Vorräte und legen ab.

Es geht flußaufwärts nach Tappu, einer großen Insel im Indus, mehrere Bootsstunden von Sukkur entfernt.

Weithin dehnt sich die Wasserfläche des Indus, in der ruhigen Strömung ist sie spiegelglatt. Wir rudern unter einem wahren Oldtimer von Brücke hindurch, unter der Rohribrücke. Dann vorbei an der Ruine des Kastells auf der kleinen Insel Sadhbela. An diesem wichtigen Punkt des Stromes wachte es mit seiner auch heute noch erkennbaren Wucht über den Machtanspruch der damaligen Herren des Landes.

Bald wird es Abend. Die Sonne senkt sich zur tamariskenbestandenen sandigen Ebene hinab. Eine unendlich entfernte, unendlich große Scheibe über einer unendlich weiten Landschaft. Die Stimmung ist schwer, schwer ist das Rot des Lichtes, und das Wasser des Indus wird zur feuerroten Tinte. Der breite Strom hält scheinbar den Atem an, und wo die Sonne sich spiegelt, glitzert es in hellerem Rot wie von verstreuten Diamanten. Ein winziges Etwas, zieht unser Boot über die weite Fläche.

Wird mein Vorhaben gelingen?

Gedankenversunken schaue ich zu Natha hinüber. Er erwidert meinen Blick und lächelt mich mit der Liebenswürdigkeit seines Volkes an. Er kennt meine Pläne. Ich vertraue seiner Umsicht, und so stimmt mich sein Lächeln etwas optimistischer.

Wir erreichen die Insel Tappu. Insel ist vielleicht ein irreführender Begriff. Tappu ist eher eine große, bewachsene Sandbank, einige Kilometer lang. Im Frühjahr, in der Monsunzeit, wird sie vom hochwasserführenden Fluß überspült und dabei auch gedüngt, wodurch der Boden sehr fruchtbar wird und in der Winterzeit für die Landwirtschaft nutzbar gemacht werden kann. Die Insel liegt seitlich im Strom und ist vom Westufer nur durch einen schmäleren Kanal getrennt. Mehrere Querkanäle teilen sie in Segmente.

Wir landen. Dabei bemerke ich, daß die Boote hier nicht zufällig mit flachem Boden konstruiert sind. Dadurch können sie gut am Ufer anlegen und treiben nicht ab.

Natha beginnt sofort Holz zu sammeln und sorgt für ein köstliches Abendessen. Ich habe mir ausbedungen: keine europäischen Speisen! In Pakistan möchte ich pakistanische Kost essen. Sie ist scharf gewürzt, appetitlich und nahrhaft. Nach dem Essen – die Dämmerung ist weiter fortgeschritten – überkommt uns ein Gefühl von Wohlbefinden und Ruhe. Wir plaudern, trinken Tee und wärmen uns am großen Lagerfeuer. Ich blicke zufällig zu Natha, und er lächelt wiederum zurück.

Plötzlich steht er auf, tritt zu mir und fragt mich, ob ich ein paar Schritte mit ihm kommen möchte. Ich bin zwar sehr müde, aber sein Verhalten kommt mir seltsam vor, und so stehe ich auf und folge ihm.

Wir kommen zu einem kleinen Teich. An Nathas Miene erkenne ich, daß es damit eine besondere Bewandtnis haben muß. Während ich ihn noch fragend anschaue, kräuselt sich die Wasseroberfläche, ein Kopf mit einem langen Schnabel taucht auf und verschwindet wieder, und dabei höre ich das typische Blasgeräusch eines Delphins.

«Natha!»

Er lacht und nickt.

Und wieder Auftauchen und Blasen. Es handelt sich eindeutig um die *Platanista indi,* den Indusdelphin.

Natha hat, als er hier in den vergangenen zwei Wochen unser Lager vorbereitete, fünf Exemplare gefangen, um mir damit eine Überraschung zu bereiten.

Ich lasse mir von ihm die Fangmethode erklären. Ein Pfahl mit einer dreifachen Astgabel wird in den weichen Flußboden gerammt. Das ist der *Trikkur.* Auf die Astgabel kommt das *Bati,* eine kleine Plattform. Darauf steht nun der Fischer und wartet, bis er an der Kräuselung der Oberfläche oder am Auftauchen die Beute erkennt. Jetzt muß er blitzschnell reagieren und sein eigenartiges Netz, das *Kulari,* werfen. Es besteht aus sechs Aststäben, die an einem Ende durch einen Holzring zusammengehalten werden. Auf dieses Gerüst ist ein grobmaschiges, lockeres Netz geflochten. Das Gerät mit seinem fast zweimanngroßen Durchmesser ist natürlich alles andere als leicht, aber die Fischer halten es beim Warten auf die Beute mit bewundernswerter Geduld in die Höhe. Das kegelförmige Gebilde wird über das Opfer geworfen, die Fischer springen darauf und drükken es auf den Grund. Dann wird der Gefangene vorsichtig gepackt und aus dem seichten Wasser getragen.

Natha versichert mir, daß der Fang des Delphins in der hiesigen Gegend keineswegs besonders schwierig sei. Also stimmt es nicht, daß die Platanista im Indus bereits ausgerottet ist.

So ist es immer gut, sich von eigenen Gewährsleuten informieren zu lassen und vor allem sich selbst an Ort und Stelle und in Zusammenarbeit mit der ansässigen Bevölkerung von einem biologischen Sachverhalt zu überzeugen. Gerade bei selten gewordenen Tieren, die sich in entsprechend abgelegenen Gegenden aufhalten, verfügt sehr oft die in den wissenschaftlichen Zentren wirkende Fachwelt nur über Berichte aus dritter und vierter Hand, wenn nicht überhaupt nur über angelesene und selbstabgeleitete Kenntnisse. Jedenfalls freue ich mich sehr, daß Natha schon so viel zu einem Erfolg der Expedition beigetragen hat, und wir müssen nun unbedingt Miss Knuckey holen, damit sie meine Begeisterung teilen kann.

Infolge der vorgerückten Stunde ist an ein Aufstellen der Zelte nicht mehr zu denken. Wir bereiten uns darauf vor, die Nacht in Schlafsäcken auf dem Schiff zu verbringen.

Es ist kalt. Gegenüber Tappu, auf den weiten Uferebenen, heulen im Keti-Schah-Bela-Wald die Schakale. Ihr Heulen endet wie ein akustisches Feuerwerk in der Explosion eines unheimlichen nächtlichen Gelächters. Ein Tier stimmt an, ein zweites fällt ein, und dann vereinigt sich der Chor des ganzen Rudels zu diesem weithin hallenden, schaurigen Geräusch. Unwillkürlich muß ich an die griechische Sage von den Lamien, den aasfressenden Gespensterwesen, denken.

Ich schließe die Augen. Natha geht auf dem Katar herum, ich höre, wie er alles kontrolliert, hier etwas festmacht, dort etwas auf den Boden stellt. Dann scheint alles in Ordnung zu sein, er verkriecht sich ebenfalls. Und ich schlafe nach diesem ereignisreichen Tag rasch ein.

Das Lager wird aufgebaut

In Kleinigkeiten liegen oftmals die großen Unterschiede. Hier, in diesem alten Stammland der pakistanischen Menschen, läutet morgens kein Wecker. Termine sind hier nicht bekannt, man hat Zeit. Auch beim Aufwachen. Es ergibt sich. Niemand springt auf und überrennt den Morgen mit Betriebsamkeit. Ich genieße das. Wache auf. Bin ausgeruht, obgleich es noch früh ist, und blicke langsam um mich. Auch die anderen machen es so. Miss Knuckey blinzelt. Von ihr ist nur die Stirn zu sehen, darunter die Augen. Sonst ist der ganze Kopf vermummt. Wie sie meinem Blick begegnet, entstehen in ihren Augenwinkeln kleine Fältchen. Sie lächelt.

Auch Natha schaut mit seinen großen braunen Augen wortlos um sich. Karamelei, Danibax, Ramatula, Nazira, sie alle sind schon wach, genießen nur noch ein wenig die Wärme der Decken. «Wer in den Morgen springt, den Tag über hinkt», so könnte man ein pakistanisches Sprichwort übersetzen. Und in der morgendlichen Wortlosigkeit findet auch die gehetzte Seele des Europäers zum Frieden dieses Landes. Jetzt ist es soweit. Wir begrüßen, diesen Frieden in der Seele, einander, kriechen aus den Schlafsäcken, wickeln uns aus den Decken, freuen uns über unser Beisammensein. Wir waschen uns und nehmen,wie hier üblich, ein reichliches Frühstück ein, das uns zusammen mit dem heißen Tee belebt und kräftigt.

Die Arbeit beginnt. Und an diesem Morgen sollte ich von meinen Leuten einen neuen Namen erhalten. Das kam so: Wir brachten unser Gepäck an Land, ich belud mich mit einer großen Metallkiste und ging zum Bug des Katars, um dort ins seichte Wasser zu steigen. Dabei wollte ich es den Einheimischen gleichtun, wie sie in stolzer Haltung die schweren Stücke aufrecht dahintragen, voll Würde über das Bootsdeck schreiten und mit leichtem Schritt ins Wasser steigen. Das Bootsdeck aber wird in der Mitte, wo die Kabine liegt, schmal und schräg. Und hier verlor ich das Gleichgewicht und fiel mit Kiste und Grandezza in den Indus, dessen Wasser noch erschrekkend kühl war und meinen dicken Pullover und mein übriges Gewand völlig durchnäßte. Ich stieg heraus und fluchte lästerlich, während Natha die Kiste aufnahm und an Land trug. Natürlich lachten meine Leute über den fehlgeschlagenen Versuch, ihnen zu imponieren, und ich hatte meinen Namen: Springender Bhulan – Bhulan wird der Indusdelphin in Sind genannt.

In der Nähe des Teiches errichten wir eine Art Freiluftlaboratorium. Vier Pfosten, darüber ein Bootssegel. Es ist zwar voller Löcher, schützt aber dennoch hinlänglich gegen die pralle Sonne. Zwei Klapptische und einige Klappstühle sind das Mobiliar. Auch die Aluminiumkisten werden hierher gestellt und dienen als Labortische. Sie bergen unsere empfindlichen Apparaturen: das Tonbandgerät mit dem Hydrophon – dem Unterwassermikrophon –, einen Vorverstärker, die Batterien. Ferner die Kameras und alle Chemikalien, die wir brauchen werden.

Auch unsere kleine Wetterstation wird ausgepackt. Barometer, Maximum-Minimum-Thermometer, Hygrometer, Windmesser und Wasserthermometer. Miss Knuckey registriert dreimal täglich die Werte.

Neben diesem zwar einfachen, für unsere Zwecke jedoch hinreichend ausgestatteten Feldlaboratorium erheben sich zwei pneumatische Zelte. Im Uferschilf befindet sich die Küche, bestehend aus Feuerstelle, Töpfen und Pfannen. Zwischen alldem spaziert unser lebender Proviant, die Hühnerschar, gackert und scharrt im Sand nach Futter.

Es ist gerade Ramadan, und in dieser dreißig Tage währenden Fastenzeit der Mohammedaner gibt es täglich nur eine Mahlzeit, nämlich das Abendessen. Ich schließe mich diesem Brauch an und gewinne damit die unbedingte Sympathie meiner pakistanischen Begleiter. Ich weiß nicht, ob sie mein Verhalten als Achtung vor ihren religiösen Bräuchen werten und sich deshalb darüber freuen oder ob sie einfach froh darüber sind, nicht mit hungrigem Magen zusehen zu müssen, wie ich mittags schmause, während sie sich kasteien.

Nachdem alles hergerichtet ist, kremple ich die Ärmel hoch und beginne mit meiner eigentlichen Arbeit. Konkret gesprochen: Ich ziehe meine Badehose an und steige ins Wasser des Teiches. Das klingt zwar nach Erfrischung, ist aber bei den jetzt herrschenden Temperaturen nicht lustig. Es ist nur nicht zu umgehen, denn als erstes muß man die Tiefenverhältnisse kennen. Mit einer Bambusstange, auf der ich eine Einteilung angebracht habe, lote ich, zwischen den aufgescheuchten Delphinen herumwatend, die Tiefe des Gewässers aus, das ja im Augenblick die Umwelt der Tiere darstellt. Will man Einblick in ihre Gewohnheiten gewinnen, so muß man die Dimensionen ihrer Welt kennen. Miss Knuckey trägt an den entsprechenden Stellen einer Skizze die Werte ein, die ich ihr nenne.

Die Delphine im Teich

Aber jetzt habe ich genug von allen Vorbereitungen. Im geheimen bitte ich Pallas Athene, die Göttin der Wissenschaft, um Nachsicht und lasse mir von meinen Leuten einen der Delphine fangen. Sie spannen ein Netz quer durch den Teich, engen die Bewegungsfreiheit der Tiere mehr und mehr ein, und schließlich kriegt Natha einen Delphin zu fassen. Wie ein Kind hebt er ihn aus dem Wasser, und ich habe zum erstenmal ein lebendes Exemplar des Indusdelphins direkt vor meinen Augen. Es ist ein junges Tier, etwa einen Meter lang, von weißlichgrauer Färbung; der dreißig Zentimeter lange Schnabel weist oben und unten je zwei dichte Zahnreihen auf. Sein Körper fühlt sich fest und muskulös an, die Brustflossen sind im Gegensatz zu denen anderer Delphinarten außerordentlich breit, und deutlich schimmert unter der Haut die Struktur der Finger durch. Die Augen sind viel weniger ausgebildet als beispielsweise bei südamerikanischen Flußdelphinen, es finden sich zwei etwa drei Millimeter messende Augenöffnungen, der Augapfel ist sehr tief gelagert. Der Sehapparat dürfte extrem zurückgebildet sein.

Melon nennt man die bei den Delphinen charakteristisch ausgebuchtete, halbkugelige Frontpartie des Kopfes, die bei der Platanista besonders plastisch hervortritt. An der Oberseite des Melons, ziemlich weit hinten, öffnet sich das Blasloch.

Nach anfänglichem Zucken und Strampeln verhält sich das Tier in Nathas Armen völlig ruhig. Ich streichle es ganz unwissenschaftlich, das kann ich mir nicht versagen. Miss Knuckey lacht. Und dann lassen wir den Delphin wieder frei, er macht sich im trüben Wasser sofort unsichtbar.

Miss Knuckey und ich legen uns jetzt auf die Lauer. Filmkamera und Photoapparat sind bereit. Ich hoffe, daß mir schon bald ein paar gute Aufnahmen gelingen.

Wir brauchen nicht lange zu warten, bis die Tiere zum Atemholen auftauchen. Es ist für uns ein großer Augenblick, als wir nun unsere ersten in der Natur gemachten Beobachtungen notieren können. Und gleich auf Anhieb führen uns die Delphine verschiedene Arten des Atemholens vor. Sie heben den Melon ein wenig über die Wasseroberfläche und erzeugen ihr kurzes, leises Atemgeräusch. Manchmal aber heben sie auch den ganzen Kopf aus dem Wasser, wobei sie den Schnabel parallel zur Oberfläche halten; das Atemgeräusch ist in diesem Fall kräftiger und anhaltender. Und schließlich strecken sie von Zeit zu Zeit den Kopf bis zum Hals hervor und halten ihn eine ganze Weile schräg. Nach dem Atemholen knicken sie den Körper in der Mitte ab, schlagen mit dem Schwanz das Wasser und tauchen zügig unter.

Am späteren Nachmittag beginnen die Tiere lebhafter zu werden. Hatten sie sich bis jetzt in den tieferen Teilen des Teichs aufgehalten, so wagen sie sich nun in die seichteren Uferpartien vor und plätschern im etwa halbmetertiefen Wasser herum. Dabei fällt uns auf, daß die Schwanzflossen, die ja bei den Walen und Delphinen horizontal liegen, die ganze Zeit zur Hälfte aus dem Wasser ragen. Das bedeutet, daß die Tiere in Seitenlage schwimmen. Wir vermuten, daß dies wegen des seichten Wassers geschieht.

Die nächste Untersuchung gilt der Frage, ob der Flußdelphin, gleich seinen Brüdern im Meer, akustische Signale aussendet. Die Expeditionsmittel hierfür sind zwar vergleichsweise primitiv, aber wir können immerhin die Frage als solche prüfen und im gegebenen Fall wertvolle Aufzeichnungen auf Tonband festhalten. Also hängen wir ein Hydrophon an einen Ast und lassen es etwa einen halben Meter tief ins Wasser hinab. Ich schließe den Vorverstärker an, setze die Kopfhörer auf, schalte ein und lausche.

Was ich höre, ist vor allem Wasserrauschen. Wasserrauschen und Zikadentöne. Im nahen Schilf sitzen diese unermüdlichen Lärmerzeuger, schrillen mir die Ohren voll und lassen sich nicht abschalten.

Also: Tongalgen wieder abbauen und auf dem gegenüberliegenden Ufer neuerlich aufbauen, ebenso die übrige Apparatur. Hier stören die Zikaden nicht so sehr.

Wieder lausche ich gespannt. Wasserrauschen. Zikadentöne. Aber schon reichlich schwächer. Und da! Wie aus einer fernen Welt: feine, manchmal leicht stärkere Laute, die an das Zirpen einer Grille erinnern, an ein kurz aufschrillendes und gleich wieder aussetzendes Grillenzirpen. Das sind nicht mehr die grellen Töne der Zikaden, die von außen unter den Kopfhörern hindurch mein Ohr treffen, das sind die Laute der Delphine! Ein Zirpen, das sich zuweilen bis zu einem schwachen Knirschen steigert. Es hebt sich deutlich vom Hintergrundgeräusch ab. Und es wird besonders deutlich, wenn ein Delphin nahe am Mikrophon vorbeischwimmt.

Wir haben es! Zum erstenmal werden die Signale der Flußdelphine hörbar. Schnell lasse ich das Tonband laufen und mache die ersten Aufnahmen dieses Phänomens. Sie mögen zwar nicht erstklassig sein – Karl Zbinden, unser Akustikfachmann, wird erst später nachkommen, bis dahin muß ich mir selbst helfen, so gut es geht –, aber es sind die ersten. Und sie stellen wichtige Dokumente dar, die für die bioakustischen Laboratoriumsaufnahmen zu Vergleichen dienen können.

Meine pakistanischen Leute scharen sich um mich, jeder will hören, und jeder ist erstaunt. Für sie alle war der Flußdelphin mit Ausnahme seines Atemgeräusches bisher ein stummes Tier gewesen. Sie glauben mir fast nicht, wie ich ihnen von Natha übersetzen lasse, daß die Tiere sich mittels dieser Geräusche und ihrer Unterwasserechos orientieren und sich in vielen Fällen auch untereinander verständigen. Ultraschall – also Schwingungen, die außerhalb des menschlichen Hörbereiches liegen –, dieser physikalische Vorgang übersteigt ihr Fassungsvermögen, sosehr ich mich auch bemühe, ihn ihnen anhand von Zeichnungen im Sand zu erklären. Diese Menschen leben in einer Welt, in der alles greifbar und praktisch sein muß. Schon allein die Tatsache, daß die Delphine hörbare Signale von sich geben, ist zuviel für sie, sie staunen ungläubig, überzeugen sich immer wieder mit den Kopfhörern, wissen aber nichts damit anzufangen.

Am Abend baue ich die Apparatur ab, und wir setzen uns zum Tee zusammen. Die ersten Ergebnisse haben wir also. Photos, Filmaufnahmen, Tonbandaufnahmen. Erste exakte Beobachtungen der Verhaltensweise eines Tieres, das selbst in unserem Jahrhundert noch kaum erforscht war. Wir sind recht fröhlich, und die Männer beginnen – was ich ihnen niemals zugetraut hätte – Lieder anzustimmen. Es sind eher schwermütige Lieder, und sie singen mit vollem Einsatz – sowohl der Stimme als auch der Seele. Übrigens mit schönen, volltönenden und angenehmen Stimmen.

Schließlich wirft Natha die gefangenen, lebenden Futterfische in den Delphinteich, und wir gehen schlafen.

Eine unruhige Nacht

Kurz nach Mitternacht weckt mich jenes unheimliche Lachen, in das das Heulen der Schakale zu münden pflegt. Ich will mich umdrehen und weiterschlafen. Da plötzlich ein entsetzter Schrei von Miss Knuckey. Sie schläft in einem Zelt einige Meter neben dem meinen. Noch ein Schrei. Ich springe auf und stürze hinaus. Räuber? Mörder? Raubtiere? – Ihr Zelt war eingestürzt, und sie kämpft unter der Plane wie wild, um freizukommen. Ich helfe ihr, sie kriecht hervor, steht auf und schüttelt sich.

Eine Holzmanschette der Einfassung war durch die Feuchtigkeit geborsten, und so war die Luft aus den pneumatischen Stützwülsten entwichen, das Zelt war eingesunken.

Miss Knuckey, eine im allgemeinen tapfere Person, war aufgeschreckt und hatte im ersten Moment tatsächlich an einen Überfall wilder Tiere oder Banditen geglaubt. Sie lacht und beruhigt sich.

Wir versuchen mit vereinten Kräften das Zelt wieder aufzurichten. Das ist aber trotz der feenhaften Mondbeleuchtung nicht möglich, wir finden auch keinen Ersatz für die pneumatischen Stützen. Natha hätte sicher Rat gewußt, aber er schläft trotz Schakalgeheul und Entsetzensschrei den Schlaf des Gerechten, und wir wollen ihn nicht wecken. Ich kann Miss Knuckey durchaus nicht zur Annahme meines Vorschlags bewegen, daß sie mein Zelt übernimmt und ich auf dem Schiff schlafe. Sie will den Rest der Nacht selbst im Boot zubringen. Also tragen wir Decken an Bord, sie wickelt sich ein, ich kehre in mein Zelt zurück, schlüpfe in den Schlafsack und bin weg.

Gegen vier Uhr früh läßt ein Schrei mich wieder hochfahren. Alle sind jetzt munter und eilen zu meiner Assistentin. Sie sitzt zitternd im Boot und blickt uns hilflos an. Es dauert ein wenig, bis der Schreck weicht und sie uns erzählen kann, was passiert ist: Durch einen Druck in der Magengegend ist sie wach geworden. Mitten auf ihrem Bauch saß im Mondschein eine riesengroße Ratte und schaute ihr in unheimlicher Bewegungslosigkeit wie beobachtend in die Augen. Da ist sie zu Tode erschrocken.

Die Leute gehen wieder schlafen, nicht ohne zu schmunzeln. Nur die arme Miss Knuckey hat genug. Sie könne diese Nacht kein Auge mehr zutun, sagt sie, weder in einem Zelt noch in einem Boot, nicht einmal im Waldorf Astoria. Sie werde bis zum Morgen herumgehen.

Also stopfe ich mir eine Pfeife, und wir machen auf den Gefilden Tappus einen Mondscheinspaziergang.

Die Ratte, erzählt mir Miss Knuckey, habe sie gerade deshalb so sehr erschreckt, weil sie keineswegs böse oder tückisch dreingeschaut habe. Im Gegenteil, der Blick sei geradezu kühl und forschend gewesen. Als wollte die Ratte menschliche Reaktionen studieren. Ob die Tiere wohl Ähnliches empfinden, wenn der Mensch sie beobachtet?

Ein ausgesprochen weiblicher Gedankengang.

Sicher, Tiere haben mangels eines differenzierten Bewußtseins nicht das Begriffs- und Assoziationsvermögen eines Menschen. Aber innerhalb ihrer Instinkt- und Reflexwelt sind die, wenn man so sagen kann, psychischen Vorgänge dieselben. Dumpfer, wenn auch nicht weniger intensiv. Wie durch einen Vorhang des Nichtverstehens verschleiert. Und gerade dadurch sind die Reaktionen panischer. Je höher die Stufe, auf der ein Tier steht, um so ausgeprägter ist sein Nervensystem, um so differenzierter spricht dieses auf alle Reize an – und dabei verfügt das höchstentwickelte Tier noch immer nicht über den Bewußtseinsgrad, der dem Menschen vielfach hilft, Angst und Schmerz zu überwinden.

Aber gerade auf der Stufe eines niedrigeren Bewußtseinsgrades will die Kreatur um so intensiver und dranghafter leben. Will sich sättigen, sich vermehren, ihren Lebensbereich ausdehnen und verteidigen.

So betrachtet sei es eine Schändlichkeit – und hier folge ich wieder ganz dem Gedankengang von Miss Knuckey, die übrigens mit englischer Zurückhaltung «It's unfair» sagte –, wenn der Mensch sich über jegliche Kreatur erhebe und seine ganze lebendige Umwelt als Versuchskaninchen für seine Zwecke und zur bedenkenlosen Stillung seiner Neugier benutze. Ein Tier, dessen er sich dank seiner intellektuellen Überlegenheit bemächtigt hat, zu töten, sei wie ein Kindesmord. Sie sei sehr im Zweifel, fuhr Miss Knuckey fort, ob sie es über sich bringe, beim Sezieren der Delphine mitzumachen. Sie könne sich nicht vorstellen, daß wir eines der fünf Tiere, die sich da im Teich tummelten, töten. Ganz abgesehen davon, daß es sich um ein Tier handle, dessen Lebensraum durch den Eingriff des Menschen ohnedies bereits weitgehend zerstört und das deshalb vom Aussterben bedroht sei. Vielleicht bevölkerten nur noch wenige Exemplare den Indus.

Nun, die Wissenschaft befindet sich hier in einem Dilemma. Um einen Organismus verstehen zu können, muß man auch sein rein maschinelles Funktionieren kennen. Dazu muß sein Aufbau studiert, er muß seziert und untersucht werden. Gerade bei einem gefährdeten Lebewesen muß man sich zugleich mit der Kenntnis seiner organischen Funktionen Einblick in seine Lebensgewohnheiten verschaffen. Erst dann kann man ihm helfen und auch unter den vom Menschen geänderten Umständen für sein Überleben sorgen.

Wir sehen keinen Ausweg und sind beide bedrückt, wie wir zum Lager zurückkehren. Es ist sechs Uhr. Die Mannschaft steht auf, und wir frühstücken. Miss Knuckey und ich recht einsilbig.

Ein Ausflug auf dem Indus

Kein Tier lebt isoliert für sich allein, die Umgebung eines Flusses ist für dessen Bewohner ebenso wichtig wie der Fluß selbst. Alle biologischen, geologischen, meteorologischen und sonstigen Gegebenheiten eines Gebietes, also alle ökologischen Faktoren, wirken zusammen und bilden einen Lebensraum von ganz bestimmter Charakteristik, der für die in ihm lebenden Individuen zur Notwendigkeit wird, weil sie sich ihm angepaßt haben. Die Tiere am Flußufer sind für die Wasserbewohner von ebensolcher Bedeutung wie etwa die vom Wasser aus dem Boden gelösten Minerale und Gärstoffe. Man entziehe dem Kreislauf einen Faktor – und der ganze Haushalt ist gestört.

Aus solchen Überlegungen heraus beschließen wir, uns ein wenig umzusehen und uns, soweit dies möglich ist, einen Gesamtüberblick zu verschaffen. Mit einem kleinen Boot rudern wir zum gegenüberliegenden Ufer, um den Keti Schah Bela zu erkunden. Während der Fahrt umschwirren uns alte Bekannte aus Europa, die auch hier heimischen Eisvögel. Mit ihrem leuchtendstahlblauen Gefieder scheinen sie in acht bis zehn Meter Höhe über dem Wasser in der Luft zu stehen, die Flügel schlagen so schnell, daß man sie kaum sieht. Plötzlich pressen sie sie an den Körper, stoßen pfeilschnell ins Wasser hinab und tauchen mit einem Fisch im Schnabel wieder auf. Am Ufer wird er in aller Ruhe verzehrt.

Wir legen an und dringen in den dichten Akazienbestand des Waldes ein, was den dort hausenden Alexandersittichen aber nicht sehr recht zu sein scheint, denn sie erheben ein ohrenbetäubendes Geschnatter, rücken auf den Ästen unruhig hin und her und wenden ihre Köpfe mißtrauisch nach uns um.

Im Unterholz stoße ich auf eine fast unversehrte Kobrahaut. Eine Seltenheit um diese Zeit, da die meisten Tiere, in ihre Behausungen verkrochen, jetzt überwintern. Nicht nur die Schlangen, auch die Insekten, Amphibien und Echsen. Gleichsam als Beweis entrindet Natha einen auf dem Boden liegenden alten Stamm, und wir finden tatsächlich zahlreiche Trauerkäfer, die sich matt bewegen. Dann sucht Natha den Boden ab und beginnt zu graben. Zum Vorschein kommen Geckos und einige Eidechsen aus der Gruppe der Lacertiden. Ich bringe alle die Wirbeltiere behutsam in Behältern unter, um sie lebend mitzunehmen, die Insekten kommen in die Ätherflasche. Schließlich gelingt es uns noch, einer Kröte habhaft zu werden. Sie hat leider nur einen gelehrten Namen: *Bufo stomaticus.*

Nach einiger Zeit rudern wir zum Westufer zurück, an dem Tappu liegt. Wir biegen in eines jener schmalen Rinnsale, die Tappu in mehrere Segmente teilen, und befahren den Nebenstrom. Heute sollen wir – so hat uns Natha prophezeit – Flußdelphine in freier Natur sehen. Kreuz und quer versuchen wir unser Glück, aber weder in den Querkanälen noch im Nebenstrom finden wir, was wir suchen, und so fahren wir wieder zum Hauptstrom. Am Ostufer sind einige Boote vertäut, sie gehören Fischerfamilien. Eine von ihnen ist «zu Hause». In der Bootsmitte ist der Wohnraum mit einem Verdeck; hier befindet sich auch die Küche, die lediglich aus einer kleinen Feuerstelle besteht. Während des Kochens muß die nicht einmal viertelquadratmetergroße Steinfläche sorgsam gehütet werden, damit das hölzerne Boot nicht Feuer fängt. Alle anderen Räume werden nach Bedarf durch Aufhängen von Teppichen geschaffen. Geschlafen wird auf Strohmatten. Nebst dem Kularinetz hat die Fischerfamilie vier Reiher, die auf kleinen Sprießen an der Bordwand sitzen und auf ihren Einsatz warten. Es sind im wahrsten Sinne des Wortes Lockvögel. Sie werden im seichteren Wasser auf Äste gesetzt, die im Grund des Flusses stecken, ein Fischer tarnt sich und wartet, bis sich Reiher, von ihren gefangenen Kollegen angelockt, niederlassen. Dann packt er sie, und der Sonntagsbraten ist besorgt. So einfach ist das.

Plötzlich springt Natha auf, daß unser Boot bedenklich schwankt, und zeigt aufgeregt aufs Wasser. Delphine! Wie im Teich hebt sich ein Melon über die Oberfläche, und wir hören das typische kurze Atemgeräusch. Rasch greife ich zur Kamera und filme. Es sind mittelgroße und kleine, also junge Tiere. Sie bilden keine Schule im üblichen Sinn, sondern eine lockere Gemeinschaft, die sich in einem Areal von etwa hundert Metern Durchmesser tummelt. Die jungen Tiere sind besonders lebhaft und strecken oft den ganzen Kopf aus dem Wasser. Auch die Fischerfamilie ist in heller Aufregung, denn für sie sind die Delphine eine reiche Beute, vor allem wegen des Öls, das man aus ihnen gewinnt und das gut bezahlt wird. Daß diese Tiere im Aussterben sind, weiß man hier vielleicht gar nicht.

Diese Fischer, die Bhulan-Shikari, Delphinfänger, bilden eine eigene Kaste, die Jubars. Sie sind keine Mohammedaner – diese verabscheuen den Delphinfang –, sondern Hindus und haben sich darauf spezialisiert, von diesen Tieren und den Produkten, die sie aus ihnen gewinnen, zu leben.

Wir versuchen indessen, den Delphinen zu folgen. Sie schwimmen immer rascher, schließlich löst sich die Gruppe auf, die Tiere stieben

Satellitenaufnahme des unteren Indus. Infrarotaufnahme (NASA ERTS 1972).

einzeln in alle Richtungen davon und vereinigen sich erst wieder in einiger Entfernung von unserem Boot. In diesem Fluchtverhalten unterscheiden sie sich grundlegend von den Meeresdelphinen oder den Amazonasdelphinen. Diese schießen vor dem Verfolger davon, machen aber plötzlich eine Kehrtwendung, tauchen unter dem Verfolger durch und schwimmen in entgegengesetzter Richtung davon. Zweifellos eine List, die eine gewisse Überlegung voraussetzt und sich nicht unbedingt als reine Instinkthandlung erklären läßt. Die Platanista verhält sich anders. Ihr dürfte es, wenn man so sagen kann, an der dazu nötigen Intelligenz fehlen. Sooft wir die Verfolgung aufnahmen, reagierten die Indusdelphine mit einfachem Davonschwimmen und Auseinanderstieben, wobei sie uns niemals auf mehr als acht bis zehn Meter heranließen.

Dabei besteht hier ein gewisser Widerspruch, denn gleichzeitig scheinen die Tiere die Nähe des Menschen zu suchen. Man findet sie, wo eine Fähre betrieben wird, wo eine Ansiedlung liegt. Menschenstimmen, das Waschen der Kleider im Fluß, landende und abfahrende Boote, Tiere an der Tränke, das alles scheint die Delphine anzuziehen, wobei sie allerdings eine bestimmte Fluchtdistanz wahren. Ein ähnliches Verhalten konnte ich im Rio Mamoré in Bolivien beim Amazonasdelphin beobachten, wo sich eine Gruppe mit Vorliebe in der Nähe eines am Flußufer lärmenden Sägewerks aufhielt.

Ich versuche, in dem Gewimmel die beim Teich festgestellten Tauchzeiten zu überprüfen, und komme auf dieselben Werte. Normalerweise etwa vierzig Sekunden, bei Verfolgung tauchen sie länger.

Mit einemmal fällt mir etwas Sonderbares auf. Zuerst glaube ich, es habe sich im Boot jemand schlecht benommen. Das kann ja schließlich vorkommen. Ich sehe mich ein wenig mißtrauisch um. Natha bemerkt es und lacht. «Bhulan!» Er zeigt auf die Delphine. Der Geruch stammte tatsächlich von ihnen. Wir konnten allerdings nicht feststellen, welche Funktion er erfüllt, denn die Platanista verfügt über keinen Geruchssinn, nicht einmal über einen Riechnerv. Es könnte sich um die Ausdünstung eines Sekretes der Analdrüsen handeln, der einzigen Hautdrüsen, die der Flußdelphin besitzen dürfte. In der Gefangenschaft wurde dieser Geruch dann nach und nach schwächer, bis er schließlich ganz verschwand.

Inzwischen sind die Insassen der anderen Boote zurückgekommen, zwei stolze Familien mit einer großen Kinderschar. Ich photographiere sie, weil sie sich so völlig von den europäischen Kindern unterscheiden. Sie sind nicht nur zierlicher, sie bewegen sich auch anders, vielleicht weil sie schon von früh auf zum Unterhalt der Familie beisteuern müssen und damit eine gewisse Selbständigkeit erlangen. So zeigen sie bei aller Kindlichkeit eine Würde und Aus-

Lloyd Barrage
INDUS

Der Hafen von Sukkur. Die Boote sind mit reichen Schnitzereien versehen. Urtümlich ist die Konstruktion des Ruders. Im Hintergrund eine Moschee, die völlig nach der hiesigen Architektur abgewandelt wurde, insbesondere die Minaretts.

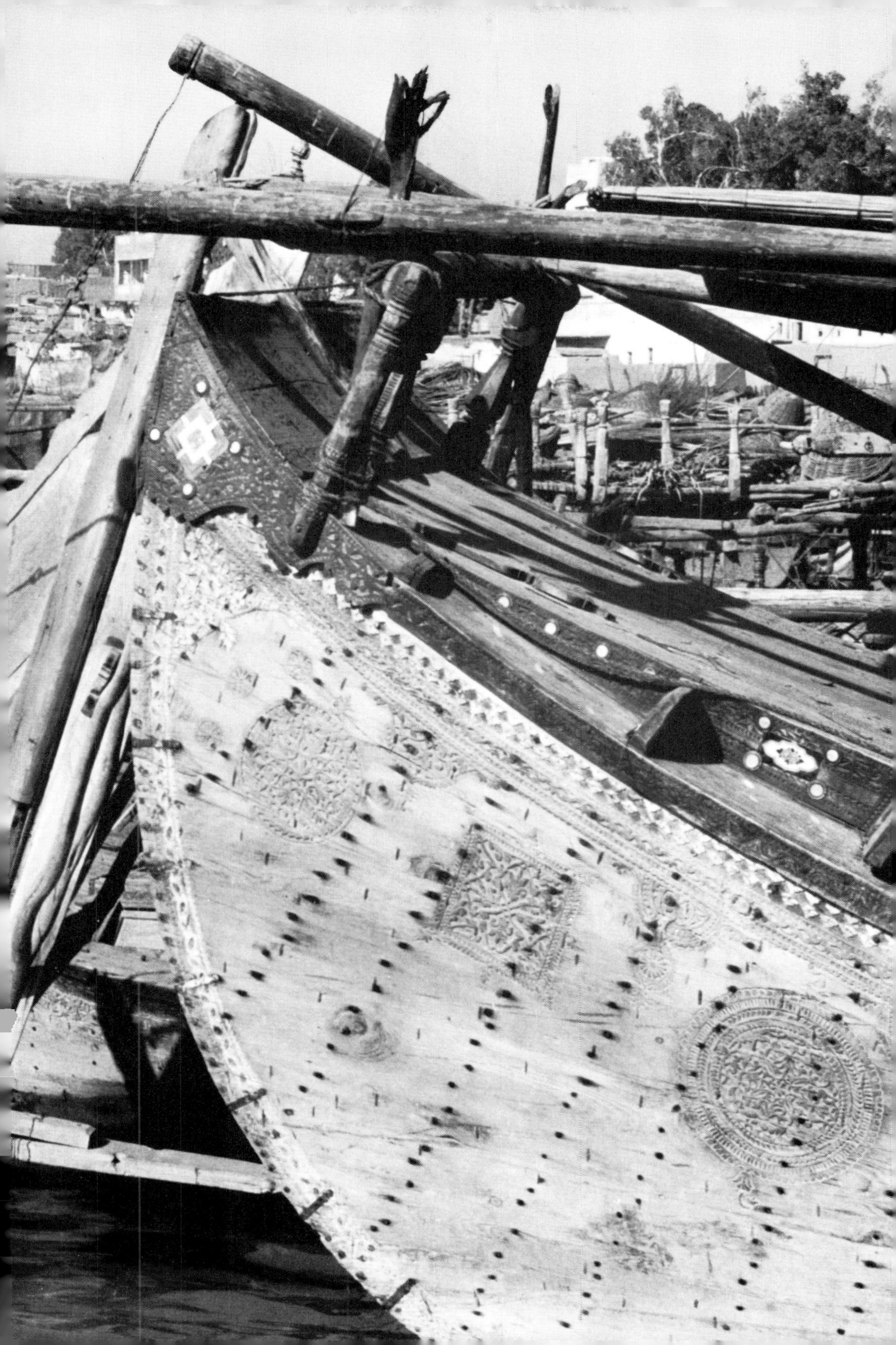

Sonnenuntergang am Indus.

Die pneumatischen Zelte werden aufgestellt.

Am Abend im Lager.

Heckteil unseres Expeditionsbootes, eines Katars.

Oben:
Die Skyline von Rohri. Gegenüber dem moderneren Sukkur liegt diese alte historische Stadt, deren Häuser mit Lehm verputzt sind. Majestätisch ziehen zwei Bagochars vorbei, die größten Indusschiffe.

Links:
Ein Wäscher im Hafen von Sukkur. Am Horizont die mächtige Lloyd Barrage.

Ein Katar, Wohnort der Sindfischer. Auf den seitlich angebrachten Stäben sitzen zahme Lockvögel für die Reiherjagd.

Natha besorgt unser Abendessen. Im außerordentlich fischreichen Indus genügt ein Wurf für eine vollständige Mahlzeit.

Treidelverkehr auf dem Indus: Die schweren Schiffe werden meistens vom Ufer aus stromaufwärts gezogen.

Die Silhouette eines anderen Schiffstyps vom Indus. Die «Mefil» hat ein ausgesprochenes Lateinsegel.

Auf diesem Boot lebt und arbeitet die ganze Familie eines Bhulanshikari, eines Delphinfängers. Im Vordergrund das «Tripur», die Stütze des «Bati», der Fangplattform. Auf dem Bug liegt das große «Kulari».

Beim Fischen mit dem Kulari kommt es auf blitzschnelle Reaktion an.

Platanista indi in verschiedenen Phasen des Atemholens.

Die Indusfähren erfreuen sich starken Zulaufs. «Mit Mann und Roß und Wagen.»

Einer der im Teich gehaltenen Delphine. Karamelei hält ihn vorsichtig in den Armen. Auge und Gehöröffnung sind deutlich zu erkennen, ebenso die handartige Knochenstruktur der Brustflosse und die stark reduzierte Rückenflosse.

druckskraft der Gebärde, wie man sie bei den Erwachsenen gleichfalls bewundern kann. Die Männer etwa sitzen beisammen und reden. Plötzlich springt einer, vom Eifer erfaßt, auf und trägt mit großen Gesten vor, was ihn bewegt. Wie ein griechischer Tragöde. In Sukkur sahen wir einen Greis, der während einer Debatte sichtlich erblaßte, das Gesicht in den Händen vergrub und vor Empörung laut schreiend und gestikulierend davonlief. Im griechischen Drama hätte dieser Greis für seine Darstellung einen Sonderapplaus erhalten.

Und der Mann war keine Ausnahme, wir sahen keinen Pakistaner, der ordinär gewirkt hätte, auch im hellsten Zorn nicht. Auch diese armen Fischer hier und ihre Kinder besaßen jene natürliche Würde.

Natha war es wieder einmal, der ein Problem lösen konnte: das bedrückende Problem, das sich vergangene Nacht im Gespräch mit Miss Knuckey herauskristallisiert hatte.

Natha kommt von den Leuten, mit denen er gesprochen hat, zurück: «Wir haben Delphine!» sagt er zu mir. Ich könne ein paar erlegte Delphine kaufen, fünf Tiere, teils jugendliche, teils erwachsene, drei Weibchen und zwei Männchen. Zu einem angemessenen Preis schließen wir den Handel ab.

Nun bitte ich Natha um seine Dienste als Dolmetscher, weil ich den Leuten etwas über die Delphine sagen möchte: daß sie selten geworden sind; daß sie sehr hochstehende Tiere sind; daß sie geschont werden müssen, weil sie sonst ausstürben. Und ich lasse ihn übersetzen, wie bei uns in Europa die Delphine als Freunde des Menschen, als Menschen des Meeres angesehen werden und wie vor vielen Jahren ihre Tötung als Mord bestraft wurde. Ich weise auch darauf hin, daß der Bhulan vertrauensselig die Nähe des Menschen sucht. Und daß er kein Fisch ist, sondern ein mit uns verwandtes Lebewesen.

Die Leute starren mich mit großen Augen an. Vielleicht machen sie sich über den närrischen Fremden lustig, der sie über ihre eigenen Angelegenheiten belehren will und darüber vergißt, daß sie ja von etwas leben müssen. Vielleicht ist es mir aber auch gelungen, sie zum Nachdenken anzuregen, was den Boden für wirksame Maßnahmen bereiten könnte. Freilich wäre dazu eine umfassende Aufklärung nötig, die nur von seiten des Staates durchgeführt werden kann. Und neben der Schaffung eines Reservates wäre noch etwas vordringlich, nämlich das Eingreifen der Regierung, um die Ausbreitung einer neuen Mode zu verhindern, der Mode des Forscherlooks. Einige Jagdbeflissene sind auf dieses seltene Tier gekommen, gebärden sich als Wissenschaftler und schlachten es dutzendweise ab. Von den paar Expeditionen, die nach uns die Flußdelphine erforschten, ist kaum nennenswertes wissenschaftliches Material bekanntgeworden. Bekanntgeworden ist nur, daß diese Unternehmungen rund dreißig Exemplaren einer aussterbenden Art das Leben gekostet haben.

Wir übernehmen die toten Delphine, und sie bieten wirklich einen traurigen Anblick, wie sie so reglos nebeneinanderliegen. Ich muß Miss Knuckey recht geben, sie kommen auch mir wahrhaftig wie Kinderleichen vor. Schnell gebe ich das Zeichen zum Aufbruch, wir verabschieden uns von den Fischern und rudern nach Tappu zurück.

Immer aufs neue fasziniert mich die Abendstimmung am Indus. Die intensiv rote Farbe, in die das Licht der untergehenden Sonne das Land taucht, der breite, ruhig dahinfließende Strom. Ein großes Segelboot kommt uns majestätisch entgegen, die Mannschaft singt im Chor ein altes Matrosenlied:

Dschumba lanih	Brauch deine Kraft
Hjuwa kila	Durch Gottes Gnade
Dawa fjukiran	Mit der Heiligen Hilfe.
Beri dscheli:	Es ist ein prächtig Schiff:
Surang sokhanih.	Tief ist das Wasser,
Sulamut hua	Doch sicher kommt's an!
Akbar Schah dscha.	Von König Akbar
	Durch Gottes Gnade.

Im Laboratorium

Über die indopakistanischen Delphinarten, den Indus- und den Gangesdelphin, war bisher sehr wenig bekannt. Man war sich vor allem nicht darüber im klaren, ob die Populationen der verschiedenen Flüsse eine in sich geschlossene Einheit, also eine einheitliche Art, bildeten oder nicht. Das vorhandene Material war, wie schon erwähnt, mehr als spärlich, und auch heute noch gehören solche Präparate zu den größten zoologischen Raritäten und sind der Stolz eines jeden Museums.

Das Studium der Anatomie der Platanista war mit dem 1878 erschienenen Werk von John Anderson, also vor rund hundert Jahren, stehengeblieben. Man wußte vor allem nichts über die Entwicklung des Tieres, seine Geschlechtsreife, sein Verhalten in der Natur; die Kenntnisse über Zentralnervensystem und Sinnesorgane waren minimal, es gab keine Untersuchungen über die Körpersäfte, das Blut, die Drüsensekrete.

Nun sollten so seltene Tierarten wie die *Platanista indi* und die *Platanista gangetica* unter möglichst vielen Aspekten untersucht werden. Nur das gemeinsame und gleichzeitige Studium von Form und Funktion, Verhalten und Struktur kann brauchbare Ergebnisse über die wahre Daseinsform eines Lebewesens bringen. Deswegen ist es sinnlos, ein Tier für die Erforschung weniger Details zu opfern. Das trifft um so mehr zu, wenn es sich um eine solche Rarität wie den Flußdelphin handelt. Eine saubere, wenn man so sagen kann «moderne» Methodik schließt eben auch die humanen Aspekte der Schonung mit ein.

Solch eine Gesamtstudie setzt sich aus folgenden Grundbausteinen zusammen:

1. Anatomie: Aufbau der Körperorgane und Organsysteme.
2. Systematik und Taxonomie: Feststellung der morphologischen, also strukturellen Unterschiede und Beziehungen zwischen den Arten (Taxon) aufgrund äußerer (Körperform, Maße, Färbung usw.) und innerer Merkmale (Skelett, Organe). Aufstellung der Prinzipien für die Klassifizierung der Arten.

3. Zoogeographie (geographische Verbreitung), jahreszeitliche Wanderungen.
4. Populationsdynamik einschließlich Aufzählung, Dichte, Krankheiten, Mortalität.
5. Ethologie: Studium des Verhaltens, hier vor allem der Mechanismen der Gruppenorganisation und Kommunikation.
6. Physiologie: Studium der Funktionen. Hier spielen Vermehrung, Größe und Sexualreife, sexuelle morphologische Unterschiede, Wachstumsrate und Energiestoffwechsel eine Rolle.
7. Ökologie: Umweltbedingungen einer Art.

Erst die gründliche Erforschung unter diesen verschiedenen Aspekten kann ein gültiges Gesamtbild des Tieres liefern, und im Falle der Platanista wird man aufgrund der gewonnenen Erkenntnisse geeignete Schutzmaßnahmen entwickeln können.

Denn daß diese Art im höchsten Grad vom Aussterben bedroht ist, steht außer Zweifel, auch wenn ihr Verschwinden unsere heutige Wegwerfgesellschaft, wie es so treffend heißt, kaltlassen dürfte. Die Platanista ist vor allem durch den Zugriff des Menschen gefährdet, in ihrer gesamten Ökologie ist er ihr einziger Feind. Zuerst einmal durch die Zerstörung des natürlichen Lebensbereiches infolge der erwähnten Dammbauten im Induslauf; insgesamt sind es bis jetzt schon sechzehn. Ferner durch die von den Fischern betriebene Jagd, die um so nachhaltigere Schäden hervorruft, als die Tiere nicht mehr über genügend Ausweichmöglichkeiten in andere Flußgebiete verfügen. Und schließlich kommt noch die moderne Wissenschaft mit ihrer aus anderen Quellen gespeisten Beutegier hinzu. Das Unwesen der Fangexpeditionen greift immer mehr um sich. Dabei geht es beim Fang meistenteils gar nicht darum, das Tier an einer geeigneten Stätte zu halten und eventuell zu züchten, sondern einfach um die Gewinnung von Präparaten. Zu diesem Zweck werden die Tiere dutzendweise abgeschlachtet, während man bei einigermaßen sorgfältigem Vorgehen schon anhand weniger Exemplare hinreichende Detailkenntnisse erwerben kann.

Wir aber hatten uns vorgenommen, wenn nur irgend möglich einen humaneren und auch sorgfältigeren und wissenschaftlicheren Weg zu gehen, und zwar in erster Linie den der Haltung und Züchtung. Erst wenn das Überleben der Tiere gewährleistet ist, darf die Forschung an Studien herangehen, deren Ergebnis vom Sezieren abhängt. Doch auch dann sollte man sich nur solcher Tiere bedienen, die eines natürlichen Todes gestorben sind.

Glücklicherweise war ich dank den von den Fischern gekauften toten Delphinen fürs erste aus dem Dilemma heraus. Vielleicht war das keine ganz ehrliche Lösung, doch fühlte ich mich ein wenig wohler, weil ich versucht hatte, die Leute zu beeinflussen, die Delphine künftighin zu schonen.

Jedenfalls machten wir uns in unserem ambulanten Laboratorium an die Arbeit. Die Tiere wurden gewogen, genau gemessen und in allen Details photographiert. Miss Knuckey fertigte die entsprechenden Tabellen an. Mit größter Sorgfalt sezierte ich und war darauf bedacht, nur ja nichts durch Ungeduld zu verderben. An Ort und Stelle taxierten wir die einzelnen Organe und konservierten sie mit Formol in den vorbereiteten Behältern. Der Mageninhalt – er bestand hauptsächlich aus drei hier vorkommenden Fischarten – wurde analysiert. Behutsam schälte ich das Skelett heraus und präparierte die Gehirne. Wir ordneten das Material, salzten die gewonnenen Präparate ein und etikettierten sie. Es war eine anstrengende Arbeit, die obendrein noch in größter Eile zu erfolgen hatte, um der Verwesung zuvorzukommen.

Natha war nicht nur äußerst interessiert, ich staunte vor allem darüber, wie rasch er das anatomische Präparieren erlernte und wie präzis er vorging, mich sogar mitunter auf ein kleines Versehen beim Registrieren aufmerksam machte. Dieser einfache Mann aus Pakistan stellte sich mit großem Ernst in den Dienst der Sache.

Einige Tage arbeiteten wir fieberhaft, um das gesamte Material sicherzustellen. Ein ungeheurer Ansporn war uns dabei nicht zuletzt der Gedanke, daß es uns gelungen war, die bewußte Tötung unserer im Teich gefangenen Delphine zu vermeiden und dennoch Kenntnisse zu erwerben, die es ermöglichen, die geeigneten Maßnahmen für den Schutz und die Erhaltung dieser Tierart zu entwickeln.

Hinab in den Indus!

An einem der nächsten Morgen begrüßte uns prachtvolles Wetter. Nach dem fast schon zeremoniellen Frühstück gehe ich zunächst zu unserem «Aufenthaltsteich», um unsere Delphine zu besuchen. Natha wirft ihnen als Morgenimbiß kleine Fische ins Wasser, denen sie sogleich zielstrebig nachjagen. Manchmal schlängeln sie sich dabei mit aalartigen Bewegungen durch den Uferschlamm, und ich staune über die Feinheit ihrer Gehörortung, die sie mit unfehlbarer Sicherheit ihre Nahrung aufspüren läßt.

So früh am Tag herrscht noch völlige Ruhe. Auch die Zikaden schweigen. Ich schalte den Verstärker ein, und klar und deutlich sind die Signale der Delphine im Kopfhörer wahrzunehmen. Die Laute sind ganz anders als die der Meeresdelphine. Auch ohne akustische Spezialgeräte läßt sich feststellen, daß sie sich für uns Menschen viel einfacher anhören, es sind nur jene kurzen, zirpenden Geräusche; Pfeifen und Zwitschern fehlen völlig. Ich bin sehr neugierig, ob es uns gelingen wird, Verständigungssignale herauszufiltern.

Dann brechen wir auf. Mir ist es heute darum zu tun, eine Art «metempsychotisches Experiment» durchzuführen. Metempsychose ist das griechische Wort für Seelenwanderung. Ja, ich will – ausgesprochen unwissenschaftlich – eine geistige Seelenwanderung versuchen, um mir vielleicht einen Begriff von der Wesensart und Umwelt dieser blinden Delphine machen zu können.

Wir besteigen das Boot und rudern wieder flußaufwärts. Von fern her ertönt monotoner Gesang. Das sind die Pataner, Angehörige eines Volkes aus dem Norden. Im Winter kommen sie in den Sind und bebauen die durch die regelmäßigen Überschwemmungen fruchtbar gemachten Sandbänke und Inseln des Indus. Es sind ganz einfache Menschen, diese «Wanderbauern», aber auch an ihnen kann ich jene Würde beobachten, die mich schon bei den Leuten in Sukkur so beeindruckt hat. Grundzug ihres Wesens ist der Stolz. Kein Dünkel, sondern ein Stolz, aus dem sich ein streng moralisches Denken ergibt. Niemandem würde es einfallen, eine Handlung zu begehen, die ihn, wie man in Japan sagt, das Gesicht verlieren läßt.

Sie achten den Stolz des anderen ebenso wie den eigenen. Hinzu kommt ihre Religiosität mitsamt der sich daraus ergebenden Beachtung all der Regeln des Islam, der hier Staatsreligion ist und dem 95 Prozent der Bevölkerung angehören. Diese Momente prägen die Völker Pakistans zu ihrem Vorteil. Gastfreundschaft etwa wie hier wird man in Europa kaum noch finden. Selbst der ärmste Fischer, der uns unterwegs begrüßte und aufnahm, bot uns, wenn er schon nichts anderes hatte, zumindest etwas Büffelmilch zur Erfrischung an. Wenn sie für Miss Knuckeys und meinen europäischen Gaumen infolge des durch die unvermeidliche Gärung säuerlichen Geschmacks auch kein wahrer Genuß war, so schätzten wir doch die Geste und sprachen aus Höflichkeit diesem uns ungewohnten Trank zu. So machten wir uns diese Leute stets zu Freunden, und sie halfen uns, wo sie nur konnten. Und noch etwas: Wir wurden niemals übervorteilt.

Langsam rudern wir an einer Gruppe Pataner vorbei. Sie unterbrechen Arbeit und Gesang und winken uns zu. Im Weiterfahren hören wir sie dann ihr Lied wieder anstimmen, ein wehmütiges Lied von der Heimat im Norden, wie mir Natha erklärt.

Unterwegs filmen wir einzelne Delphine. Einige Tiere folgen unserem Boot im Kielwasser, doch niemals länger als etwa vierzig Sekunden. Dann tauchen sie weg und verlieren sich in der Weite und Tiefe des Stromes. Wir rudern zum Ostufer hinüber und legen an einem Uferstreifen des Keti Schah Bela an. Er ist von Tamarisken gesäumt und fällt steil ins Wasser ab. Breit und langsam fließt hier der Indus, es ist genau die richtige Stelle für meinen Versuch, und ich springe ins Element der Delphine.

Mit vollen Lungen tauche ich nach meinem Gefühl etwa drei, vier Meter tief hinab und öffne die Augen. Alles ist dunkel und undurchsichtig. Blicke ich nach unten – Nacht. Blicke ich zur Seite – ebenfalls tiefdunkle Nacht. Ich wende mich auf den Rücken, und da sehe ich nur von oben einen ganz schwachen, diffusen Lichtschimmer herabdringen, kaum wahrnehmbar. Ich schwimme weiter. Wie ein gestaltloses schwarzes Tuch umgibt mich das Wasser, und ich habe, wie in ein Geheimnis gehüllt, keinerlei Empfinden für die ausgerichteten Begriffe. Oben und Unten verwischen sich, lösen sich in einer Schwebewelt auf, ein nahezu mystisches Gefühl völliger Desorientierung stellt sich ein. Das Gleichgewicht wird gleichgültig. Rechts und Links werden vom sanften Dahingleiten weggespült, und meine lahmgelegten Sinne spüren nur Unfaßbares. Ich fühle mich als die einsamste Kreatur der Welt.

Ich drehe mich um die Längsachse, bis ich den Lichtschimmer von oben her wahrnehme, und tauche auf. Gut zehn Meter flußabwärts bin ich vom Boot abgetrieben. Ich muß die Augen zukneifen, so sehr blendet mich die Sonne, wie ich aus der Dunkelkammer der Flußtiefe so unvermittelt ans Tageslicht komme.

Mit Miss Knuckeys Assistenz mache ich noch einen Versuch, so gut wie möglich die genauen Sichtverhältnisse zu ermitteln. Was ist die Wissenschaft ohne Messungen! Wir lassen einen kleinen Stein an einer Schnur ins Wasser hinab. Bei zweieinhalb Zentimetern schon verschwimmen die Konturen, obwohl die Sonne 100 000 Lux spendet; auch letzteres genau gemessen.

Dann hole ich Atem und tauche nochmals, diesmal senkrecht hinunter, um bis zum Grunde vorzustoßen. Ich lande auf weichem Boden; der lockere, watteartige, aus abgeschliffenen Körnern bestehende Sand fühlt sich wie Moor an. Mich gruselt ein wenig, wie ich diesen Schlick berühre, das muß ich zugeben, und ich wende mich der Uferwand zu. Sie fällt auch unter Wasser noch steil ab und fühlt sich gleichfalls weich an. Und lehmig. Bisweilen bekomme ich eine tiefer reichende freigespülte Tamariskenwurzel zu fassen, ein geradezu beruhigendes Gefühl in dieser Welt des ungewissen weichen Dunkels, die meine Sinne nutzlos macht. Schwimmend tappe ich mich weiter wie ein Blinder, der sicheren Uferwand entlang. Ich versuche, einen Ruf auszustoßen. Es ist nicht anders, als ob man den Kopf in einen Topf mit Wasser steckte und dort drinnen riefe. Oder wie das Vergurgeln eines Opfers in einem Gruselfilm. Ja es ist vielleicht unheimlicher, denn hier hört man keinen Nachhall, nicht das geringste Mitschwingen, Nachschwingen, nicht das leiseste, schon an der Grenze des Lautlosen liegende Echo.

Ich tauche auf.

Kein Echo.

Und bis auf den Lichtschimmer von oben nur Dunkelheit.

Ich könnte jetzt Miss Knuckey eine Geschichte diktieren: «Ich, der Delphin, bin zurückgeblieben, als mein Meer versiegte. In den Flüssen fand ich eine Heimat. Fort ist das helle Wasser, und meine Augen sehen nichts mehr, bis sie erblinden und ich nur noch Hell und Dunkel unterscheiden kann. Ich rufe, um mich nach dem rückkehrenden Echo zu richten. Aber das sagt mir nur, was vor mir liegt, denn ich kann nur nach vorne rufen. Lenke ich den Schall hinab, so wirft der weiche Flußboden kein Echo zurück. Ich drehe mich seitlich, um ihn mit meiner Brustflosse zu ertasten, taste den Grund entlang. Und da erfaßt mein blindes Auge auf der anderen Seite einen Lichtschimmer, und ich weiß: das ist oben. Unten und oben. Und vorne erschließt sich mir die Welt meiner Echos und zeigt mir an, was dort ist. Das Hindernis, das bedrohliche Boot, zu dem mich die Neugierde hinzieht, der schnelle Fisch, die Schildkröte. Wenn ich Luft brauche, wende ich mich nach oben, schwimme dem Schimmer entgegen, und dann drehe ich mich, daß mein Nasenloch oben liegt, durchstoße die Wasseroberfläche und atme. Schließe die Nase und tauche in mein unsichtbares Reich zurück.»

Die späteren Untersuchungen zeigten uns, daß mein Seelenwanderungsexperiment geglückt war und mein «autobiographisches Diktat» die Tatsachen im wesentlichen getroffen hatte.

Ich schwinge mich wieder ins Boot. Wir rudern weiter. An den seichteren Uferstellen müssen wir staken. Von Zeit zu Zeit entnehmen wir dem Fluß aus der Tiefe Wasserproben und etikettieren sie. Dann und wann entdecken wir einen Delphin, und wir messen die Tauchzeiten und photographieren.

Eine große Schildkröte hält den Kopf übers Wasser und blickt neugierig auf unser Boot.

Um die Mittagszeit machen wir eine kurze Pause und erfrischen uns mit einigen der riesigen Melonen, die noch vom Basar in Sukkur stammen. Dann staken wir weiter, bis wir jenen Platz erreicht haben, wo wir neulich die Fischer trafen. Hier stoßen wir wieder auf mehrere Delphine, und anhand meiner Notizen kann ich feststellen, daß es sich um dieselbe Anzahl handelt. Das scheint mir auf eine Ortsständigkeit der Tiere hinzuweisen – was sich auch später immer wieder bestätigen sollte.

Vor unserem Boot schwimmen die Delphine jetzt lebhaft herum, und ich lasse ein Hydrophon ins Wasser, um einmal Tonaufnahmen in freier Natur zu machen. Es gelingt mir, dieses leise, knirschende Geräusch einzufangen, das manchmal länger, manchmal kürzer anhält und besonders intensiv wird, wenn die Tiere auf das Hydrophon zuschwimmen. Ich habe den Eindruck, daß das mit der Annäherung selbst nichts zu tun hat, sondern mit der Kopfhaltung zusammenhängen könnte, denn die Intensität des Tones schwankt auch dann, wenn der Delphin in gerader Strecke zum Hydrophon schwimmt. Aber das alles ist im trüben Wasser nur zu vermuten, keinesfalls sicher festzustellen.

Nun wird es Zeit zur Rückkehr. Wir wenden, lassen uns mit nur wenigen Ruderschlägen flußabwärts treiben und sind am Abend zurück im Lager.

Indusbiotope

Jeden Morgen wundere ich mich aufs neue, wie ausgeruht und optimistisch ich mich beim Aufwachen fühle, auch wenn mein Schlaf nur kurz gewesen ist. Ob es allein an diesem Verweilen vor dem Aufstehen liegt? Wenn man nicht gleich hochfährt und sich beeilen muß, alle die gewohnten Morgentermine einzuhalten. Wenn man sich nach dem Schlaf zuerst einmal auf sich selbst besinnt und spürt, wie sich der Körper auf das Wachsein umstellt, die entspannten Muskeln sich nach und nach kräftigen. Und dann beginnt eine, ich möchte sagen zarte Vorfreude auf das Frühstück. Kein europäischer Morgenmißmut, kein Unbehagen des Denkens, was der heutige Tag wohl wieder Unangenehmes bringen wird. Es ist das Geheimnis der Menschen hier, ihrer ruhigen Würde, ihrer Heiterkeit, ihrer Ausgeglichenheit. Sie haben die Uhr verbannt und mit ihr das beißende Ungeziefer der Termine. Ihr Gesetz sind die Rhythmen der Natur, ihr Gesetz ist der Mensch und nicht das, was ihn verpflichtet. Sind diese Menschen primitiv, weil sie nicht Besitz in unserem Sinn kennen? Keine Maschinen, keine Apparate, keinen Komfort. Sie kochen im Holzboot auf jener kleinen Tonplatte. Aber ihre Speisen sind nicht minder schmackhaft als unsere auf dem selbstreinigenden Elektrogrill gebratenen Steaks. Die Leute schlafen auf dem Boden des Bootes, nur ein paar Decken bilden ihr Bett. Schlafen sie deshalb schlechter?

Es ist nicht die salonromantische Sehnsucht des «Retournons à la nature», die mich erfaßt. Ich weiß, wir Europäer leben in rein physiologischer Hinsicht gesünder. Aber unser Denken ist verbildet, allzu abstrakt geworden durch jahrhundertelange Gewöhnung an die bei uns herrschende geistige Ausrichtung. Es müßte eine Amalgamation vollzogen werden können, die unsere starren Kategorien ein wenig auflockert und uns, die wir längst die Verbindung zum wirklich Lebendigen verloren haben, zumindest ein kleines Stück zu einem umsichtigeren Erfassen der Welt zurückbringt.

Meine Gefährten erheben sich. «Salam!» Um uns ist Ruhe, in uns ist Ruhe, und mit Ruhe werden die Morgenvorbereitungen getroffen. Die Luft ist rein und kräftigend. Seltsam, daß Miss Knuckey und mir die Luft auffällt. Wann haben wir zum letztenmal an sie gedacht? Wann haben wir sie zum letztenmal so erfrischend verspürt? Niemand, der nicht hier war, kann dies nachempfinden. Der Großstadtbewohner hat das alles längst vergessen.

Die endlose sandige Landschaft. Darin die kleinen Dörfer am Rand des weiten Stroms. Das bringt die Menschen einander näher und weitet ihr Empfinden. Es dauert nicht lange, und Natha fängt zu singen an, die anderen fallen ein, als ob es gar nicht anders sein könne.

Wir legen mit dem Boot ab, rudern wieder einmal stromaufwärts. Der heutige Tag ist dem Sammeln und Beobachten typischer Tiere der Indusbiotope gewidmet. Biotop: das ist ein typischer Ausdruck des Gelehrten-Biotops. Er bezeichnet einfach den Lebensraum, an den die in ihm vorkommenden Tiere durch ihre Evolution angepaßt sind und dessen Lebensbedingungen für sie daher besonders günstig sind. Wegen der kurzen Zeit, über die wir verfügen, können wir allerdings nur wenige der hier vorkommenden Elemente des Biotops in unsere Beobachtungen aufnehmen.

Zuerst landen wir etwas flußaufwärts auf Tappu selbst. Am Ufer erspähen wir gleich zwei Ringelnattern der Art *Natrix piscator,* die Natha mit einem Leinwandsäckchen einfängt. Ich will sie dem Genfer Museum schicken. Wieder stoßen wir auf zahlreiche überwinternde Trauerkäfer. Diese Arten lieben heißes, trockenes Klima, wie es hier im Sommer herrscht. Bemerkenswert ist ihr Wasserhaushalt. Sie geben ihre Körperfeuchtigkeit nicht ab, sondern verwerten sie zur Gänze. So haben sie den für die Astronauten erstrebten, in sich geschlossenen Kreislauf der Raumkapseln vorweggenommen!

An den Uferpartien halten sich verschiedenartige Laufkäfer auf, die, gleich den ebenfalls ungemein häufigen Kurzflüglern, feuchten Boden bevorzugen. Und immer wieder finden wir zahlreiche Arten von Mistkäfern; trotz der fortgeschrittenen Jahreszeit sind sie noch aktiv. Endlich kann ich auch einige unserer fast ständigen «Abendgäste» in den Ätherflaschen verstauen, nämlich den *Lethocerus indicus,* wie er so schön heißt, eine riesige hämatophage Wasserhemiptere. Zu deutsch: eine blutsaugende Wasserwanze. Dieses geflügelte Monstrum, das bis zu zehn Zentimeter groß wird, jagt Miss Knuckey jedesmal einen nicht geringen Schreck ein, wenn wir gemütlich in unserem Camp sitzen und beim Schein der Benzinlampe Suppe löffeln oder Tee trinken. Durch das Licht angelockt, kommen diese Tiere herbeigebrummt und fallen in unseren Tee. Appetizer sind es gerade nicht, obwohl sie in Südasien gegessen werden. Jedenfalls aber nicht roh!

Wir wechseln zum anderen Ufer hinüber und legen beim Keti Schah Bela wieder einmal an. Zuerst sammeln wir einige Frosch-

und Krötenarten, die wir im Berner Institut halten wollen. Alle diese Tiere sind bereits am Überwintern, und es ist weniger schwierig, sie zu fangen, als ihre Verstecke zu finden.

An Schildkröten unterscheiden wir im hiesigen Bereich drei Gruppen. Zuerst jene mit harten Panzern, zu denen die *Kachuga smithii* und die *Kachuga tecta* gehören. Die erstere wird bis zu 25 Zentimeter lang, beide leben im Wasser, kommen aber gerne ans Ufer, um sich zu sonnen. In ganzen Kolonien liegen sie auf den Ufersteinen, lassen im wahrsten Sinne des Wortes alle viere grade sein, indem sie sie weit von sich strecken, und es ist ausgesprochen spaßig anzusehen, wie diese Sonnenanbeter reglos verharren und den Hals steil dem wärmenden Gestirn entgegenrecken. Von dieser Gruppe finden wir auch die kleinere Diademschildkröte *Hardella thurgi* vertreten.

Die *Lissemys punctata* gehört zu einer Art mit etwas weicherem Panzer, der sehr stark konvex gebogen ist. Sie wird bis zu 30 Zentimeter lang, ist prachtvoll grün gefärbt mit gelber Musterung. Werden die Tiere älter, verblassen die Farben jedoch allmählich. Diese Art lebt fast ausschließlich im Wasser und findet sich vor allem in den Schwimmarealen der Flußdelphine, wo sie trotz der schon relativ niedrigen Temperaturen bis zum Winterbeginn aushält. Wir vermuten, daß es sich um eine lockere Biozönose, ein Zusammenleben zwischen Delphin und Schildkröte, handelt, sei es infolge bevorzugter gleicher Umweltbedingungen, sei es aus anderen, noch zu erforschenden Gründen.

Schließlich bemerken wir auch noch die echten Weichpanzerschildkröten, die *Chitra indica* und den *Trionyx gangeticus.* Letztere wird bis zu einem Meter groß. Diese Schildkröte ist von hellgrauer Farbe und weist einige paarig angeordnete runde Flecken auf. Durch den besonders flachen Bau ist ihr Körper dem Wasserleben bestens angepaßt. Sie kann den Hals extrem verlängern und liebt es gleichfalls, in der Sonne zu liegen und den Kopf emporzurecken. Ihr Verhalten ist scheu, bei jedem Annäherungsversuch flüchtet sie blitzschnell ins Wasser. Aber Natha gelingt es, von Land aus mit einem Netz einige Exemplare zu fangen. Und dabei machen wir die schmerzhafte Erfahrung, daß sie äußerst bissig ist. Wir tragen alle ein paar hübsch blutunterlaufene Zwickstellen davon, obgleich es sich bei unseren Gefangenen um jüngere Tiere handelt. Im Aquarium gehalten, gewöhnt sich der *Trionyx gangeticus* aber an den Pfleger und nimmt sogar gerne, wenn auch ein wenig mißtrauisch, Futter aus der Hand.

Nebst den schon erwähnten Nachtsängern, den Schakalen, leben im Keti Schah Bela auch Hyänen. Ferner entdecken wir auf unserem Streifzug einen pakistanischen Igel, *Hemiechinus auritus,* der ein ausgesprochen lustiger und neugieriger Geselle ist und wie ein europäischer Igel aussieht, nur hochbeiniger, schlanker und zierlicher. Wir lassen ihn laufen.

Recht häufig kommen am Indus die Fischotter vor, *Lutrogale perspicillata sindica.* Im Vorbeifahren sehen wir ihre großen Uferhöhlen, und ihre Spuren im Uferschlamm sind unverkennbar. Fischotter sind nicht nur außerordentlich lebhaft, sie sind auch ausnehmend klug und können, jung gefangen, an den Menschen gewöhnt werden. Es gibt Fischerfamilien im Sind, die solch einen Otter als Haustier halten und ihn zum Fischen abrichten.

In dem von uns durchforschten Gebiet ist eine buntgemischte Vogelwelt vertreten. Auf den Sandbänken machen verschiedene Entenarten, auf ihrem Flug von Sibirien kommend, Station, besonders zahlreich die elegante *Anas acuta.* Ausgedehnte Reiherkolonien bevölkern gleichfalls die Sandbänke, vor allem der Graureiher und der Weiße Reiher, auch Kormorane sind zu beobachten.

Natha gelingt es, mit einem vertikal gespannten Netz, hinter dem eine Locktaube angebunden ist, einen Wanderfalken zu erbeuten. Auch dieses schöne Tier kann an den Menschen gewöhnt werden und wird für beträchtliches Geld als Beizvogel an die Emirate des Persischen Golfs verkauft.

Nicht selten trifft man auf einen Fischadler, *Haliaëtus leucoryphus.* Dieser mächtige Einzelgänger benötigt ein sehr großes Jagdareal. Mit Vorliebe fängt er die Panzerwelse des Indus, und mit seinem eisenharten Schnabel ist er ohne weiteres imstande, ihre dicken Knochenplatten aufzusprengen. Hoch über dem dahinströmenden Wasser segelt – alles erspähend – majestätisch der Brahminenweih *(Haliastur indus).* Ein anderer Raubvogel, der Schwarze Milan, hält sich in der Nähe von Siedlungen auf, ebenso wie die häufig vorkommende Graue Krähe, *Corvus splendens.* Ein ganz besonders freches Exemplar dieser Art hatte beispielsweise herausgekriegt, daß es bei unserem Camp auf Tappu immer etwas für sie zu holen gab. Pünktlich erschien sie jeden Tag zur Essenszeit, um mit lautem Kreischen den ihr zustehenden Tribut zu fordern. Gaben wir ihr nicht gleich einen Happen, so sprang sie ungeniert auf den Tisch und zeterte uns ihren Unwillen ins Gesicht.

An steilen Abbruchufern nistet in Erdhöhlen die Sandschwalbe, im Sind Chamota genannt. Sie lebt in großen Kolonien und beginnt als erster Vogel in Pakistan mit dem Nestbau. Im November gräbt sie einen horizontalen Tunnel bis zu 80 Zentimeter Tiefe in die Uferwand. Er endet in der Eikammer. Mehrere der Gänge sind oft untereinander verbunden, so daß für Fluchtmöglichkeiten gesorgt ist, wenn etwa ein Eingang von einem Feind belagert wird. Im April schlüpfen die Jungen, und im Mai sind sie bereits flügge. Die Sandschwalbe erhebt sich jeden Morgen knapp vor Sonnenaufgang in großen Schwärmen, fliegt weg und kehrt am Abend pünktlich wieder zurück.

In ebensolchen riesigen Schwärmen hält sich die Flußseeschwalbe der Gattung *Sterna* hier auf, und schließlich bildet noch der kleine, drollige Sandpfeifer, *Tringa hypoleucus,* seine enormen Kolonien.

Die Waldgebiete sind von zahllosen Webervögeln bewohnt. Sie weben ihr Nest aus Pflanzenfasern. Es sieht wie ein großer, birnenförmiger Kokon aus, ist oft mehrstöckig angelegt und hängt an den Spitzen von Baumzweigen. So ist die Brut vor den Nesträubern des Waldes gesichert.

Am zahlreichsten vertreten ist die Dschungellärmdrossel, *Turdoides sommervillei sindianus.* Sie ist auch unter dem schönen Namen «Siebenschwester» bekannt. Indisch lautet er «Sathbai», «Sieben Brüder». Aus unerfindlichen Gründen – vielleicht wegen der lautstarken Geschwätzigkeit dieses Vogels – fand bei der Übersetzung ins Englische eine Geschlechtsumwandlung statt. Des Namens wegen entstand die Legende, daß die Vögel stets in Siebenergruppen auftreten. Tatsächlich aber ist im Namen «Sathbai» nur eine ungefähre Zahlenangabe enthalten, man würde bei uns «ungefähr ein halbes Dutzend» sagen. Die Siebenschwester tritt in kleineren Gruppen auf. Sie ist sehr gesellig, temperamentvoll und streitlustig. Die Nester werden in dichtem, oft dornigem Gebüsch gebaut, und jedes dieser napfförmigen Nester birgt drei bis vier bläuliche Eier. Die Tiere werden bis zu 25 Zentimeter groß. Tagsüber widerhallen die Wälder von dem Heidenlärm, den diese Vögel vollführen.

Schließlich ist noch einiges über die Fischwelt des Indus zu sagen. Aufgrund vieler Proben, die wir den verschiedensten Flußregionen entnahmen, konnten wir sehr bald feststellen, daß das Wasser ungeachtet der Dammbauten in biologischer Hinsicht noch völlig einwandfrei ist – die Trübung spielt dabei keine Rolle, sie wird hauptsächlich durch mitgeschwemmten Sand verursacht. Das Wasser ist in keiner Weise verseucht und weist einen besonders hohen Sauerstoffgehalt auf, was sich auf den Fischbestand außerordentlich positiv auswirkt. Wir fanden Musterexemplare der verschiedensten Arten und konnten sie Spezialisten in mehreren Ländern zur Untersuchung übersenden. Am bemerkenswertesten schienen uns zwei Panzerwelsarten, Mali und Singari, wie sie hier genannt werden. Die erwachsenen Fische werden bis zu 70 Zentimeter lang, sind also ganz schöne Brocken. Vorn am Kopf, an den Unterkiefern, haben sie Antennen, die als empfindliche Tastorgane ausgebildet sind. Wir vermuteten, daß, ähnlich wie bei den Delphinen, die Sehorgane in Anpassung an das trübe Wasser gleichfalls, wenn auch nicht so extrem, reduziert wären, und spätere Vergleiche mit einigen Exemplaren der gleichen, aber im Meer vorkommenden Art konnten das bestätigen. Da rund 2 Gramm Hirngewicht auf 7 Kilogramm Körpergewicht entfallen, steht das Zentralnervensystem auf einer sehr niedrigen Entwicklungsstufe, doch ist das Geruchszentrum in Verbindung mit dem ausgeprägten Geruchsnerv gut ausgebildet. Hier hat also die Natur dem Tier den Weg des Tastens und Riechens gewiesen, um ihm die Unterwasserorientierung zu ermöglichen.

Uns interessierte ferner noch der etwa forellengroße Muraki, ein Raubfisch, dessen Jagdrevier gleich unter der Wasseroberfläche liegt. Deshalb sind bei ihm auch Augen und Sehnerv gut entwickelt.

Diese drei Fische – Mali, Singari und Muraki – stellen die Hauptnahrung der Flußdelphine dar. Sie bildeten den hauptsächlichen Mageninhalt der von uns sezierten toten Tiere.

Fischerleben auf dem Indus und Reisevorbereitungen

Bei unserem Ausflug ist es Mittag geworden, und ein starker Gegenwind hat sich erhoben. Das Boot kommt trotz eifrigen Stakens nur mühsam voran, Danibax muß aussteigen und vom Ufer aus mit dem an der Mastspitze befestigten Tau ziehen. Miss Knuckey und ich wollen zeigen, was wir können, und eifern ihm nach. Wie die Wolgaschiffer mühen wir uns ab, aber wir stellen uns nicht sehr geschickt an, unsere pakistanischen Gefährten können nur schmunzeln, wenn sie uns zuschauen. Sie haben nebenbei noch nie einen Europäer treideln gesehen und können fast nicht glauben, daß diese Art des Schiffsantriebes auch einmal bei uns eingesetzt wurde.

Endlich haben wir den Parallelarm zwischen Tappu und dem Westufer hinter uns und gelangen wieder in den Hauptstrom. Einige Fischerboote haben am Ufer angelegt, wir gesellen uns zu den Leuten und fangen mit ihnen ein Gespräch an. Ich möchte vor allem Näheres über die Verwendung des Bhulanöls erfahren.

Es wird vor allem bei Muskelschmerzen und Rheumatismus gebraucht. Dann massiert man es an der betreffenden Stelle ein. Bei allgemeiner Körperschwäche wird täglich ein Viertelpfund eingenommen, bis man sich wieder bei Kräften fühlt. Für den Menschen wird das Delphinöl aber nur in frischem Zustand verwendet, ist es älter als vier Monate, dann dient es der Veterinärmedizin. Zeigt eine Geiß, ein Kamel, ein Schaf, eine Kuh, ein Büffel oder was sonst noch als Haustier kreucht und fleucht Anzeichen irgendeiner Krankheit, vom Pips bis zur Maul- und Klauenseuche, so wird dem sich verzweifelt wehrenden Patienten erbarmungslos dieses Heilmittel verabreicht. Es hat, wie ich beobachten konnte, abgesehen von der Schockwirkung des Eingebens zumindest nicht geschadet. Doch man glaubt fest an seine Heilkraft.

Natha rieb mich, als ich mir eine Muskelzerrung zugezogen hatte, mit diesem Wundermittel ein. Ich wartete eine Stunde. Nichts. Zwei Stunden. Nichts. Mein Bein tat mir unverändert weh. Nach drei Stunden vergeblichen Wartens auf einen Effekt der Therapie griff ich zum Kampferöl, und die Schmerzen vergingen im Nu. Aber vielleicht hatte jetzt eben das Bhulanöl zu wirken begonnen. Denn

Kopf eines jungen Singari. Diese Panzerwelse werden sehr groß und besitzen sechs Fühler, die ihnen als Tastorgane dienen.

Junge Weichpanzerschildkröte, *Chitra indica.*

Das Kulari wird auch
für den Fang großer
Fische verwendet.
Hier ein kapitaler Mali.

Mit dem Bagochar werden Schwertransporte durchgeführt. Brennholz für Sukkur. Ein Mann am Heck bedient das riesige Ruder.

An den verschiedenen Ufertypen vorbei. Oben das immense Inundationsgebiet des Indus, unten ein Stück Abbruchufer.

Ein Tierhändler mit einem jungen Otter. Die Otter werden gezähmt und zum Fischfang abgerichtet.

Und das ist der Keti Shah Bela. Im Abbruchufer haben Fischotter ihre Höhlen gegraben.

Die Wasseroberfläche kräuselt sich plötzlich, ein Kopf mit einem langen Schnabel taucht auf.

Unser Tonbandgerät, mit dem die Delphinlaute aufgenommen wurden. Von einer Astgabel hängt das Hydrophon in den Teich auf Tappu. Ein Delphin taucht kurz auf, um zu atmen.

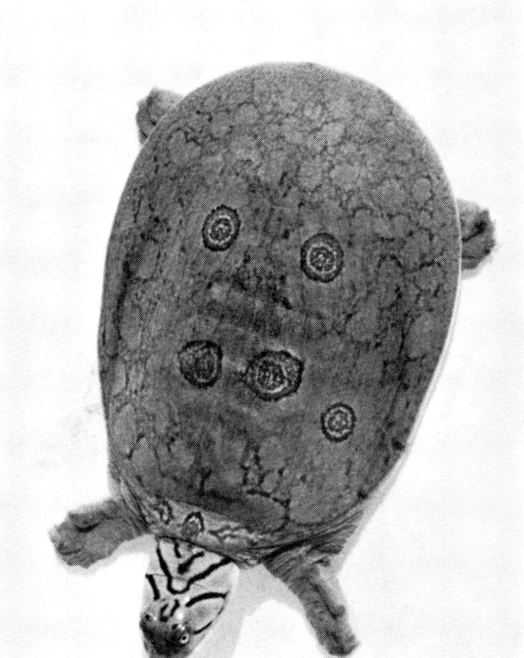

Besonders vielfältig sind die Arten der im Indus vorkommenden Schildkröten, die überall zu finden sind.

Links oben:
Kachuga tecta und Chitra indica.

Links unten:
Chitra und Trionyx gangeticus

Rechts: Kopf und ausgestreckter Hals von Trionyx.

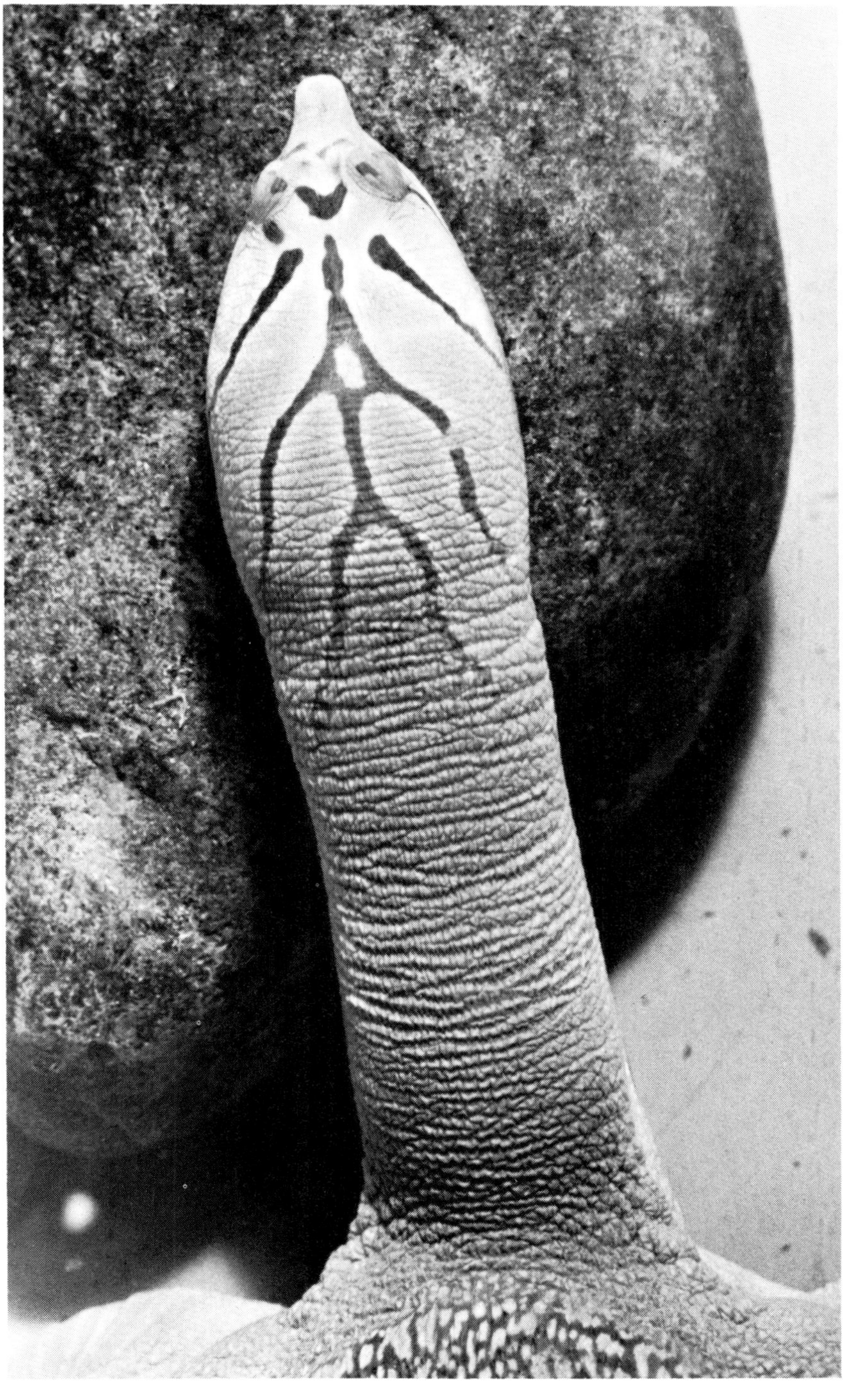

Eine andere Art von Kachuga. Diese Wasserschildkröten *(Kachuga smithii)* lieben es, in der Sonne zu sitzen und den Kopf in die Luft zu strecken.

Über Meilen des Abbruchufers erstrecken sich die Nisthöhlen der Sandschwalben *(Riparia paludicola)*, in Sind «Chamota» genannt.

Eifersüchtig wird die Höhlung bewacht.

Schlammufer werden vom Sandpfeifer bevorzugt. Hier findet er seine Nahrung: Schnecken, Insektenlarven und kleine Krebstiere.

Sehr häufig und in großen sozialen Verbänden ist die Flußseeschwalbe auf den Indusbänken anzutreffen.

In Keti Shah Bela überraschten wir einen besonders drolligen Gesellen, der normalerweise nur nachts auf Insekten- und Schlangenfang geht: eine pakistanische Igelart.

Eine Fischerfamilie in ihrem Boot. Ein «Frischhaltegefäß» aus Tamariskenzweigen für lebende Fische hängt im Wasser. Im Hintergrund Tappu mit seinem flachen Strand.

Tamariskensträucher auf Tappu. Einer der schmalen Querkanäle.

Sie besitzen nicht viel. Aber das ist für die pakistanischen Kinder kein Grund, nicht fröhlich und glücklich zu sein.

Ein kleiner «Indusmatrose». Mit acht Jahren stakt er das schwere Boot wie ein Großer.

man glaubt an seine Heilkraft. Geschluckt habe ich es jedenfalls nie, denn auch der Selbstversuch hat seine Grenzen.

Das war meine einzige persönliche Begegnung mit der Volksmedizin. Ansonsten wurde mir versichert, daß das männliche Genitalorgan des Gavials *(Gavialis gangeticus)* eine unfehlbare aphrodisische Wirkung habe. Stolz zeigte der Erzähler auf seine Kinderschar. Diesem Gangesgavialding ebenbürtig sei zu Pulver gestoßenes Rhinozeroshorn.

Indessen wächst auch der Glaube an die Heilkraft unserer westlichen Medikamente zusehends, und mit der Zeit werden sie hier bestimmt die gleiche Anwendungsvielfalt erlangen wie bei unseren Sozialversicherungsnehmern, sei es als Aperitivum, sei es als Digestivum. Man glaubt an die Heilkraft. Aber der Mensch ist ein resistentes Wesen, der Glaube versetzt Berge, pakistanische ebenso wie europäische.

Die Abenddämmerung nahte. Ein Shikari hatte inzwischen sein Bati, die kleine Plattform zum Auflauern, bestiegen und harrte, das Kulari fest in den Händen, geduldig im heftigen Wind auf einen Delphin. Sein Sohn assistierte ihm vom Ufer aus, indem er einige an Angeln gebundene lebende Singari ins Wasser hielt, um einen Delphin anzulocken.

Es spricht für die Leistungsfähigkeit des Sonars, daß es nicht lange dauerte, bis eine Platanista herangeschwommen kam, um nach dem Köder zu schnappen. Mit einem jähen Schwung warf der Shikari sein Kulari über den Delphin, der Knabe sprang hinzu, legte sich darauf, und das arme Tier war gefangen.

Miss Knuckey sah mich mit ihren kühlen, grauen Augen an. Aber das wäre gar nicht notwendig gewesen, denn ich hatte denselben Gedanken wie sie. Ich zückte die Börse, und wir kauften dem Mann den Delphin ab.

So hatten wir nun wenigstens noch ein Exemplar für vergleichende Messungen. Vorsichtig betteten wir das Tier im Boot auf eine Decke und benetzten es während der Rückfahrt mit dem Wasser des Indus. Die Heimkehr ging ebenso rasch wie glatt vonstatten, und der Teich nahm unseren Neuling auf.

Während der nächsten Tage erledigen wir die noch ausstehenden Arbeiten. Ich nehme den Delphinen vorsichtig Blutproben ab, sammle Harn- und Kotproben – auch das gehört dazu –, messe die Körpertemperatur. Und jetzt kommt das Wichtigste: Wir üben den Transport der Delphine. Die Behälter sind bereit – leichte, aber robust gebaute Holzkisten, mit Plastikfolie ausgelegt und mit einer Schaumgummieinlage auf dem Boden versehen. Darüber wieder eine Plastikfolie und nochmals eine Bodenpolsterung, eine zusammengelegte Decke. Ein Transport in einem Wasserbehälter wäre nicht möglich, weil die Delphine – so paradox es klingt – durch das Schaukeln seekrank würden. Es wäre auch fast unmöglich, das Wasser zyklisch zu reinigen, und die Tiere würden sich, da sie ja auch Wasser trinken, mit den eigenen Ausscheidungen vergiften. In Ruhe und mit Geduld gehen wir Handgriff für Handgriff durch. Alles muß sitzen, denn wir müssen gegen jede Art von Zwischenfällen gewappnet sein, auf der Reise selbst könnte jede Ungeschicklichkeit tödliche Folgen für die Tiere haben. Natha bringt ein älteres Weibchen, wir legen es in den Behälter und beruhigen es, indem wir es mit einem nassen Schwamm sanft streicheln und benetzen. Während des ganzen Transportes werden wir die Haut der Tiere feucht halten müssen, und auch die Luft im Behälter muß einen Höchstgrad an Feuchtigkeit aufweisen. Sonst würde die Haut austrocknen, der Kreislauf der Tiere würde zusammenbrechen, sie würden qualvoll verenden.

Schließlich mache ich mich damit vertraut, wie man den Delphinen mit einer dünnen Magensonde Wasser einflößt, damit sie nicht verdursten.

Alles das wiederholen wir an einem jüngeren Männchen, nachdem wir das Weibchen wieder in den Teich entlassen haben.

So arbeiten Miss Knuckey und ich einige Stunden. Schließlich haben wir das Gefühl, über die nötige Sicherheit zu verfügen. Nun heißt es von Tappu vorläufig Abschied nehmen. Die gefangenen Schlangen, Schildkröten, Geckos und Echsen werden in kleinen Holzkisten verstaut, nachdem wir sie alle einzeln in Baumwollsäckchen gepackt haben. Kameras, Zelte, Wasser- und Schlammproben, alles wird ins Boot gebracht, und wir fahren mit unserer Arche Noah nach Sukkur zurück. Nur Natha bleibt hier, die Delphine zu pflegen, während wir ihren Brüdern im Brahmaputra einen Besuch abstatten.

In Sukkur kostet es uns einige Mühe, unsere Sachen auf dem Landrover unterzubringen, es ist ein wenig mehr geworden. Unser fahrender Turm sieht abenteuerlich aus. In Europa wären wir von der ersten Polizeistreife angehalten worden, doch hier dreht man sich nicht einmal nach uns um. Mit äußerster Vorsicht rumpeln wir in Richtung Karachi davon.

Und von hier aus senden wir, was wir nicht mehr brauchen, nach Bern, vor allem die wertvollen Muster der hiesigen Fauna und die Präparate. Als wir ein Telex erhalten, daß alles heil angekommen sei, sind wir beruhigt. Die Tiere waren in bestem Zustand, sie hatten sich rasch in den für sie bestimmten Aquarien und Terrarien eingelebt.

Wir nehmen es als gutes Omen für unsere Delphine.

Vom Indus zum Brahmaputra

Es ist Ende November. Wir fliegen nach Calcutta, um von dort zum Mittellauf des Brahmaputra vorzustoßen. Nach der 1969 noch geltenden Theorie besteht der Unterschied zwischen *Platanista indi* und *Platanista gangetica* nur im Namen, und Zweck unserer Studien ist nicht zuletzt festzustellen, ob es tatsächlich so ist oder ob nicht etwa eine auseinanderstrebende Entwicklung stattgefunden hat. Außerdem wollen wir auch das Verhalten der *Platanista gangetica* in freier Natur beobachten.

Calcutta. Im Speisesaal des Oberoi Grand, eines unverkennbar um die Jahrhundertwende errichteten Hotels, ertönt zum Mittagessen ein larmoyant gespielter Tango. Die Diener tragen Turbane von immenser Größe. Das Wetter ist schwül, und ein sich endlos durch den Saal ziehendes Buffet kann niemandes Appetit wecken, obgleich es mit allen kulinarischen Genüssen der Welt aufwartet. Draußen auf der Straße strecken Bettler ihre zum Skelett abgemagerten Arme um Almosen aus. Viele Leute sterben vor Hunger auf den Straßen.

Vieles ist noch von der britischen Verwaltung geprägt. Im Indian Museum steht würdig Queen Victoria in Marmor. Ihr gegenüber eine kleine Büste, John Anderson, der Gründer des Museums. Ein echt britischer Wissenschaftler, genauer ein Schotte, ein Sohn der Viktorianischen Zeit. Während seiner Expedition nach Burma und China im vorigen Jahrhundert attackierten ihn am Vormittag Rebellen. Mit seiner Mannschaft schlug er sie zurück und sammelte am Nachmittag bereits wieder in aller Gemütsruhe seine zoologischen «specimens».

Als Indien seine Selbständigkeit erlangt hatte, wurde hier alles so belassen, wie es war.

Am späten Mittag müssen wir unseren Berner Assistenten Karl Zbinden vom Flugplatz abholen. In Bern war es Winter gewesen, und hier empfangen ihn 35 Grad im Schatten bei einer relativen Luftfeuchtigkeit von 90 Prozent. Er ist müde von der Reise, es bleibt ihm aber keine Zeit auszuruhen, denn wir müssen uns sofort auf den Weg machen, um in Assamhaus unser Permit zu besorgen. Seit den Unruhen im Nagaland stehen alle Gebiete Assams unter strenger Kon-

Karte des Brahmaputra mit den Nebenflüssen Gela Bil, Kakodanga und Boghdoi.

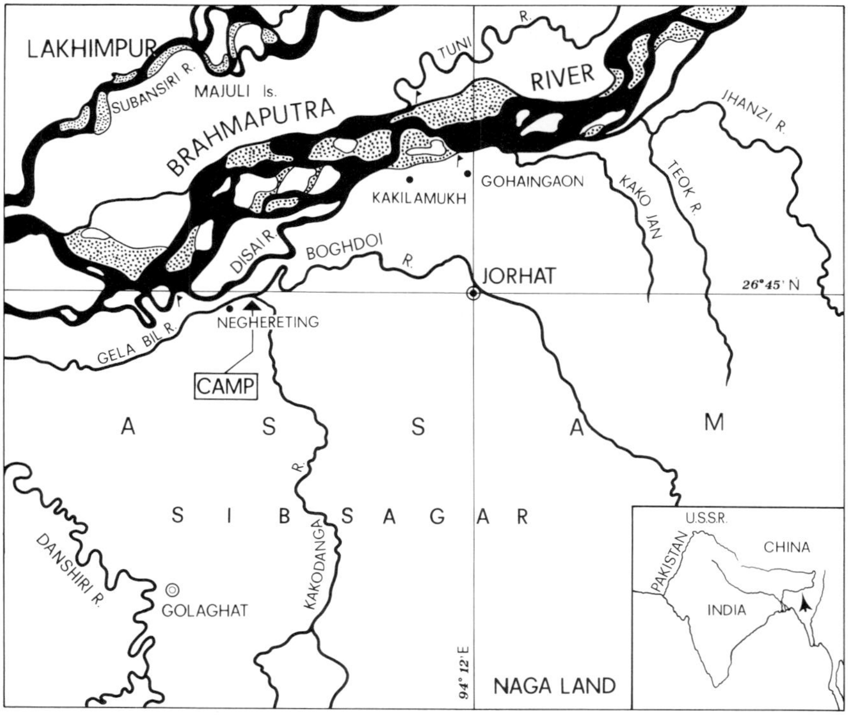

trolle. Die nördlichen Grenzländer Sikkim und Bhutan sind gleichfalls für Fremde nur mit ganz besonderer und kaum erhältlicher Bewilligung zugänglich.

Am nächsten Tag fliegen wir zu dritt nach Gauhati, unserer nächsten Station. Infolge der indo-pakistanischen Spannungen muß die Maschine – eine museumsreife DC-2 – einen großen Umweg machen; im Norden bis Dardjeeling, um von dort über den schmalen indischen Korridor nach Assam zu gelangen. Unter uns der Brahmaputra mit seinen riesigen Sandbänken. Im Norden sehen wir den ewigen Schnee der Himalajamassive glitzern.

In Gauhati ist es noch ärger als in Calcutta. Zwar auch «nur» 90 Prozent Luftfeuchtigkeit, dafür aber eine viel schwülere Hitze. Wir bedauern uns gegenseitig, denn wir müssen in dieser Tropensauna wiederum unumgängliche Wege erledigen. Wir brauchen einen Wagen, der uns nach unserem Zielort Jorhat am Bogdoifluß, einem Nebenfluß des Brahmaputra, bringt, und müssen – was ein Problem für sich ist – den Preis aushandeln. Wir müssen bei der zuständigen Fischereiverwaltung vorsprechen. Wir müssen unser Permit für Jorhat bestätigen lassen. Wir müssen, wir müssen . . . Endlich haben wir das Büro des District Commissioner gefunden. Der

Beamte empfängt uns mit kühler Herablassung. Stumm weist er uns mit einer keinen Widerspruch duldenden Gebärde in eine Ecke seines nicht gerade kleinen Arbeitsraumes, wo wir warten müssen, während er den Parteienverkehr erledigt. Einer nach dem andern kommen die Leute mit ihren Anliegen. Diener legen mit beflissener Behendigkeit das Aktenstück des jeweiligen Bittstellers vor. Etwaige Einwände werden mit einem Heben der Augenbraue, einem durchdringenden Blick und einem Zwirbeln des mächtigen Schnurrbartes abgetan. Gravitätisch versieht der Commissioner die Aktenstücke mit seinen Eintragungen. Winkt mit dem Zeigefinger, ohne die Hand vom Tisch zu heben, die Partei hinaus. Der nächste . . .

Die Prozedur scheint sich in die Länge zu ziehen. So stelle ich mich ans Fenster, um wenigstens den von hier aus herrlichen Anblick des Brahmaputra zu genießen. Gerade gegenüber liegt die heilige Elefanteninsel mit einem kleinen Tempel mitten im Strom. Alljährlich pilgern Hindus hierher, um der Segnungen ihres Glaubens teilhaftig zu werden.

Durch das offene Fenster mache ich mit dem Teleobjektiv einige Aufnahmen und bin gerade eifrig damit beschäftigt, als mich ein Diener zu Seiner Exzellenz dem Commissioner holt. Wir sind an der Reihe. *Tat tvam así!*

Was ich photographiert habe, fragt mich der Commissioner als erstes mit mißtrauischem Blick. Ich antworte ihm: Ihren unvergleichlichen Fluß. Und füge hinzu, daß ich, obwohl in der ganzen Welt herumgekommen, einen solchen Anblick noch nirgends erlebt hätte, und nicht nur die Landschaft allein sei es, die mich fasziniere, es sei vor allem der Tempel, dieses Zeugnis einer uralten Kultur. Und die Majestät des heiligen Brahmaputra.

Da fangen seine Augen zu leuchten an. Er tät sich, wie es in der Ballade heißt, den Schnurrbart streichen und beginnt mit sonorer Stimme und voller Dramatik den Mythos des Stromes zu erzählen. Des Stromes Brahmas, des ersten Gottes der hinduistischen Trinität Brahma–Wischnu–Schiva. Brahmaputra: das ist ein männlicher Fluß. Der Commissioner betont es: ein männlicher Fluß. Daher ein stürmischer Fluß. Ein gefährlicher Fluß.

Es dauert etwa eine Stunde. Aber wir lauschen. Schließlich ein Federstrich von einer Sekunde Dauer, wir erhalten unser begehrtes Permit mit großartiger Geste überreicht, und der vordem so kurz angebundene Commissioner wünscht uns freundlich alles Gute. Auch wir verabschieden uns herzlich von dem feurigen Beamten.

Am nächsten Morgen brechen wir mit unserem Miettaxi auf. Wir kommen uns vor wie bei den Dreharbeiten zum Film «Die tollkühnen Männer mit ihren fliegenden Kisten». Der unbeschreibliche Zustand des fast gänzlich aus Rost bestehenden Vehikels wird nur noch durch die halsbrecherische Fahrweise des Chauffeurs überboten, der sich obendrein ständig nach uns umdreht, um uns auf die Schönheiten der Landschaft hinzuweisen oder uns zuzulachen, während er die Kurven nimmt. Schalten? Kein Problem! Mit dem Knie wird der Knüppel der ausgeleierten Gangschaltung ein wenig gestupst, und schon rasselt das Getriebe in den nächsten Gang hinüber.

Aber wir überleben wieder einmal.

In Jorhat beziehen wir Quartier in der seinerzeit berühmten Tocklai Experimental Station, einem großen botanischen Institut für Teeforschung, dessen englischer Direktor uns ein Treibhaus als Depot für unser Material einräumt. Wie wir alles untergebracht haben, gehen wir zur lokalen Fischereiverwaltung, um uns anhand unserer Empfehlung der Distriktsfischereiverwaltung beraten zu lassen.

Der Brahmaputra fließt hier auch im Winter mit reißender Strömung, so daß wir nur sehr schwer arbeiten könnten. So ziehen wir kleinere Nebenflüsse in Erwägung, und man rät uns, die Gegend des Gela Bil aufzusuchen, der mit dem Zusammenfluß des Bogdoi und des Kakodanga beginnt. Gerade dort soll der Susu, wie der Flußdelphin hier in Assam heißt, in größerer Zahl vorkommen. Und dort, unweit von Neghereting, einer kleinen Fischeransiedlung, schlagen wir denn auch unter Bananenbäumen unser Camp auf.

Bei den Fischern besorgen wir uns ein Nao. Das ist ein Kanu, ähnlich dem Einbaum der vorgeschichtlichen Zeit. Langsam fahren wir den Gela Bil aufwärts. Die Strömung ist träge, manchmal glauben wir in einem stehenden Gewässer zu sein. Der Wasserspiegel ist um diese Jahreszeit sehr niedrig. An den hohen Uferböschungen reiht sich eine Bambushütte an die andere, Frauen waschen Wäsche im Fluß, Kinder baden, die Fischer reparieren ihre Netze und trocknen sie, Rinder werden getränkt. Wir stoßen immer wieder auf Bambusbarrieren, die quer zum Fluß verlaufen. Sie riegeln die verschiedenen Flußgebiete voneinander ab und dienen auch zum Fixieren der Netze und Reusen.

Der Gela Bil ist, wie nahezu alle Flüsse in Assam, außerordentlich fischreich, und das nicht nur von Natur aus, sondern auch durch entsprechende Kultivierung aufgrund jahrhundertelanger Erfahrung. Alljährlich werden Schongebiete zum Laichen bestimmt. Die Wasseroberfläche wird sorgfältig vom Bewuchs befreit. Letzteres ist besonders wichtig: Um 1800 etwa wurden einige Exemplare einer Wasserhyazinthe, *Eichornia crassipes,* als Zierpflanze für Gartenteiche nach Indien importiert. Die Eichornia verwilderte, breitete sich rasend schnell aus und verpestet heute die meisten Flüsse. Dadurch, daß sie auf der Oberfläche einen dichten Rasen bildet, verhindert sie den Einfall des Sonnenlichtes, was sich äußerst schädlich auf die

Fauna und die übrige Wasserflora auswirkt, insbesondere auf die Kleinlebewesen und Algen, von denen sich die Fische fast ausschließlich ernähren.

Unterwegs heuern wir noch einige Fischer mitsamt ihren Booten an und fahren gemeinsam zum besagten Zusammenfluß von Bogdoi und Kakodanga. Hier ist das Wasser etwas durchsichtiger als im Indus, wir können eine Sichtweite von zwanzig Zentimetern feststellen. Unweit der Mündung des Kakodanga nehmen wir wieder den schon einmal in Delphinnähe verspürten eigenartigen Geruch wahr, und kurz darauf sichten wir auch schon die ersten Platanistae. Insgesamt acht Tiere, aufgeteilt in zwei, drei Gruppen. Sie sind auch, wie mir die Fischer versichern, sehr ortstreu.

Ich mache eine Menge Aufnahmen, wobei mir die Tiere aufs netteste entgegenkommen, indem sie abwechselnd ihre verschiedenen Arten des Blasens demonstrieren und auch Sprünge aus dem Wasser vollführen. Während ich photographiere, haben die Fischer im Kakodanga, fünfzig Meter oberhalb der Einmündung, eine Bambusbarriere errichtet. Mit unseren insgesamt sechs Booten versuchen wir nun, die Delphine in den Nebenfluß hineinzutreiben, aber sie fliehen beharrlich in die andere Richtung, wo natürlich keine Barriere existiert. Erst der dritte Versuch gelingt. Alle Tiere des Rudels biegen in den Kakodanga ab, eines unserer Boote zieht unterhalb der Barriere blitzschnell ein Netz von Ufer zu Ufer. Dann wird ebenfalls blitzschnell eine zweite Bambusbarriere errichtet. Nun können die Delphine nicht mehr entweichen. Ihr Bereich wird durch das große Netz mehr und mehr eingeengt, die Tiere werden immer aufgeregter.

Dabei fällt mir auf, daß die Gangesdelphine viel lebhafter sind als die Indusdelphine, ihr Panikverhalten setzt viel vehementer ein, und die Tiere machen große Sprünge über die Wasseroberfläche. Wenn die normale Schwimmgeschwindigkeit bei viereinhalb bis sechs Stundenkilometern liegt, so steigert sie sich bei der Flucht leicht auf das Dreifache. Doch auch das nützt ihnen nichts, sie werden von den Booten aus mit Wurfnetzen gefangen.

Die Lebhaftigkeit der hiesigen Delphine hat aber diesmal leider eine traurige Folge, mit der wir nicht rechnen konnten. Unsere fünf ersten Gefangenen zeigten eine ausgesprochen menschliche Reaktion auf die Streßsituation der Jagd – sie überlebten Anstrengung und Panik nicht und starben noch in den Netzen an einem Kollaps. Ich breche den Fang sofort ab, lasse die untere Barriere beseitigen, und sofort verschwinden die drei anderen Delphine in den Gela Bil. Ich bin sehr traurig, zumal wir die gefangenen Tiere ohnedies nicht hatten töten, sondern nur messen wollen. In Hinkunft wird es gut sein, unsere diesbezüglichen Erfahrungen mit dem Gangesdelphin zu berücksichtigen und schonendere Fangmethoden zu entwickeln.

Die fünf toten Tiere wiege ich, messe sie, und dann mache ich mich daran, sie zu präparieren. Es ist teilweise unersetzliches Material, vor allem weil auch trächtige Weibchen dabei sind und ich die Embryonen konservieren kann. Es sind die einzigen, die überhaupt in einer Sammlung existieren, und an ihnen können einige Fragen der Evolution und der Ontogenese geklärt werden.

Karl, unser Akustik- und Elektronikspezialist, macht mehrere Aufnahmen der Delphinsignale. Wir werden sie studieren, um festzustellen, ob Indus- und Gangesdelphin zweierlei «Sprachen» sprechen, falls sie sich überhaupt untereinander verständigen.

Nach Erfüllung der Aufgaben, die wir uns für hier gestellt hatten, kehren wir nach Jorhat zurück und packen in der Tocklai Experimental Station wieder einmal ein. Das Material wird für den Versand hergerichtet, indem wir es genau bezeichnen und katalogisieren.

Wie wir dann an den Versand schreiten wollen, stellt sich heraus, daß Jorhat keine direkte Verbindung nach Europa hat. So muß alles vorerst einmal nach Calcutta verfrachtet werden. Zwei Kisten sind besonders schwer und besonders heikel. Sie enthalten die in Formol konservierten Präparate, unter anderem die kostbaren Embryonen.

Bei strahlendem Wetter wird es ein glatter Flug. Die Landung in Calcutta ist vorbildlich, wir steigen aus, erledigen wieder einmal Formalitäten und gehen zum Frachtbüro. Der Mann am Schalter schaut mich eigentümlich an. Er weint. Die anderen Leute, die ihn umringen, weinen gleichfalls. Mir schwant bei soviel Trauer nichts Gutes. Wo sind die Kisten? Die tränenreichen Männer führen mich in einen kleinen Hof, wo noch ein paar Weinende herumstehen. Jetzt weiß ich, weshalb sie weinen. Es ist nicht Gram, es ist nicht Schmerz, es sind die beizenden Dämpfe des Formols, die hier aus den Trümmern aufsteigen. Man hat die Kisten einfach vom Flugzeug heruntergeworfen. Ich fluche und tobe über diese grobe Fahrlässigkeit. Und jetzt steigen auch mir Tränen in die Augen. Aber nicht vom Formol.

Die Temperatur beträgt dreißig Grad im Schatten. Ohne Formol sind unsere Präparate in Stundenfrist verdorben! Ich versuche zu retten, was zu retten ist, schütte aus den geborstenen Behältern das Formol zusammen, sammle die zwischen den Trümmern verstreuten Präparate und lege sie ein, so gut es geht. Aber ich bin verzweifelt, denn so wird es nicht gehen. Also fahre ich hilfesuchend ins zehn Kilometer entfernte Calcutta und wende mich an das dortige Lufthansabüro, dessen Manager, ein Herr Meseberg, sich sofort mit allen ihm zur Verfügung stehenden Mitteln für mich einsetzt, nachdem ich ihm mein Leid geklagt habe. Mit seinem Wagen fahren wir zurück zum Flughafen, und angesichts der Trümmer kommt ihm

Zweite Phase
der Expedition.

Eine blasende
Platanista gangetica im
Brahmaputra. Der
Schnabel ist nahezu
parallel zur Wasser-
oberfläche.

Regenwald im Brahma-
putragebiet.

Der Gela Bil entsteht aus dem Zusammenfluß des Boghdoi mit dem von Süden kommenden Kakodanga (rechts im Bild).

Ein Versuch, die Delphine mit einer Netzsperre zu fangen, mißlingt. Sie unterschwimmen das Netz und flüchten.

Die Fischer von Neghereting sperren den Kakodanga mit einer Bambusbarriere.

Solche Sprünge wie hier bei *Platanista gangetica* im Gela Bil konnten wir bei der Indusart selten beobachten.

Das Delphinrudel wird von Gela Bil in den Kakodanga gegen die Bambusbarriere getrieben

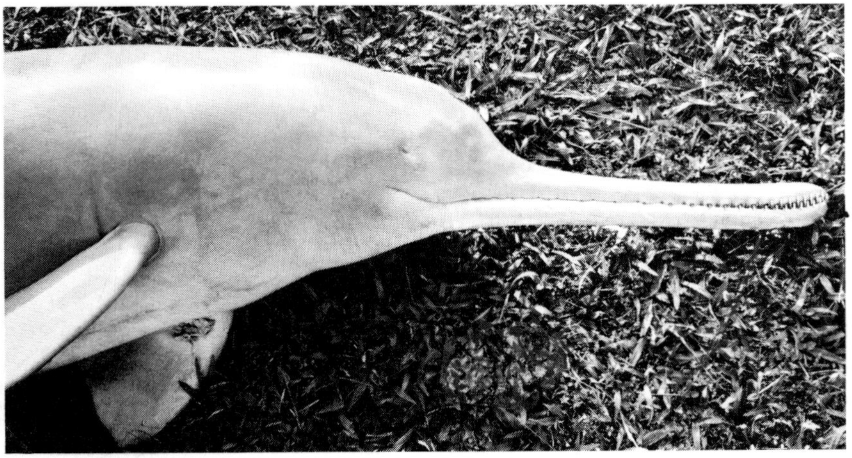

Die *Platanista gangetica.* Oben, mit dem kurzen Schnabel, ein Männchen, darunter Weibchen, die stets einen längeren Schnabel aufweisen. Deutlich sichtbar das winzige Auge oberhalb der Mundwinkel.

eine rettende Idee. Seine Fluggesellschaft benutzt zum Transport gesalzener Därme extrem große Plastikbehälter, die luftdicht abzuschließen sind. Gleich werden sie herbeigeholt, und wir verstauen darin unsere Sammlung...

... Und zwei Tage später ist das Material in Bern!

Wieder einmal atmen wir auf. Daß diese besonders wertvollen Präparate, vor allem die Embryos, heute der Wissenschaft zur Verfügung stehen, ist das Verdienst dieses rasch entschlossenen Mannes.

Vom Sukkurdamm zum Guddudamm

Es ist Januar geworden, und wir sind wieder in Karachi eingetroffen, um den zweiten, nebst dem Fang der Tiere nicht weniger wichtigen Teil unseres Vorhabens auszuführen: eine genaue «Volkszählung» der *Platanista indi* im Bereich zwischen den beiden großen Staudämmen von Sukkur und Guddu.

Bevor es soweit ist, muß ich jedoch noch die organisatorischen Vorbereitungen für die Rückreise und den Transport nach Europa erledigen. Erstens einmal den Flugtransport samt allen nötigen Extras für die Delphine von Karachi nach Zürich buchen. Im Hotel Midway den Manager überreden, mir den Swimming-pool für zwei Tage exklusiv zu vermieten. Bei der Eisenbahnbehörde ein entsprechendes Abteil bestellen. Schließlich kable ich an unser Institut, man solle die Sanitätspolizei bitten, auf Abruf einen Ambulanzwagen für die Fahrt von Kloten nach Zürich zur Verfügung zu stellen.

An einem kühlen Morgen fahren wir um drei Uhr vom Hotel zum Bahnhof. Wir steigen ein, ein Pfiff, große Aufregung in der Menge, Winken, Rufen, Gestikulieren, noch ein Pfiff – und der Rohri-Expreß fährt ab. Die Nachttemperaturen sind hier nicht so geartet, daß man das ständige Auf- und Zuschwingen der Waggontür während der Fahrt als wohltuend empfinden könnte, und es ist durchaus nicht einfach, sie bei rund hundert Stundenkilometern mit einer Schnur festzubinden. Ich hänge mich, von Karl gesichert, hinaus und schaffe es schließlich, die widerspenstige Tür zu fixieren.

In Sukkur stehen schon zwei Boote für mich bereit, am Ufer wartet der würdige Karamelei mit seinen drei Söhnen. Wir übernachten auf dem größeren Boot und fahren am nächsten Tag nach Tappu, wo Natha bei den Delphinen ausgeharrt hat. Sie sind unter seiner Pflege gut gediehen, sind lebhaft, ihr Appetit ist ausgezeichnet, und Natha sagt, daß er mit dem Fischfang für die gefräßigen Kerle kaum nachgekommen sei. Karl, der bessere Vorverstärker aus Bern mitgebracht hat, setzt sich gleich an den Teich und macht «Bandaufnahmen mit Variationen», wie wir es nennen: mit unterschiedlicher Aussteuerung, in verschiedenen Wassertiefen. Am Abend setzen wir uns zusammen, meine pakistanischen Leute singen ihre schwermütigen

Lieder, auch Karl und ich müssen etwas zum besten geben, wobei Miss Knuckey sich das Lachen kaum verbeißen kann. Nazira, der zwei Jahre bei einem Bhulan-Shikari gearbeitet hat, erzählt, was er über die Vermehrung der Flußdelphine weiß.

Im Februar oder März kämen die Jungen zur Welt – das würde sich mit meinen Beobachtungen an den in Assam präparierten Embryonen decken. Das Neugeborene beiße sich mit dem Schnabel, der noch zahnlos sei, an der Brustflosse der Mutter fest und werde von ihr mitgezogen. Aber mehr ist leider nicht bekannt, und ich frage mich, ob auch nur dieser spärliche Bericht mit der Realität übereinstimme. Denn es ist leider Tatsache, daß man von den Delphinen unter Wasser nichts, aber auch gar nichts sieht.

Am nächsten Tag beginnen wir unseren Argonautenzug. Danibax schleppt das Boot wieder mit dem Seil vom Ufer aus. Nazira bedient das große Heckruder und -steuer, während der dritte Sohn ununterbrochen das Wasser aus dem etwas undichten Boot schöpfen muß. Mit der sagenhaften Geschwindigkeit von rund vier Stundenkilometern geht es indusaufwärts. Natha hat uns lachend baldige Wiederkehr gewünscht.

Je nach Gegebenheit wechseln wir von einem Ufer zum anderen, wie es die Strömung des Flusses oder allzu hinderlicher Tamariskenbewuchs an einem Ufer günstiger scheinen lassen. Ist das Treideln durch den Uferbewuchs hüben und drüben unmöglich, so müssen wir rudern und staken, ist die Strömung zu stark, muß noch ein Mann zum Schleppen heran. Manchmal watet ein Mannschaftsmitglied ein oder zwei Stunden im Wasser, das keineswegs ein Thermalbad ist, und zieht das Schiff auf diese Art. Ein paarmal reißt das Zugseil. Und wenn sich der Wind erhebt, ist es fast ein Sandsturm. Kamera, Hydrophon, Magnetophon, Vorverstärker, Batterien, Feldstecher, alles muß sofort in Plastiksäcke verpackt werden, der feine Sand rieselt überall hinein, er würde die Apparaturen und Geräte ruinieren. Aber wer packt uns selbst ein? Wir sprechen nur noch das Nötigste, weil uns ohnehin schon der Sand zwischen den Zähnen knirscht.

Immer wieder sehen wir Pataner am Ufer die Felder für das Frühjahr bestellen. Boote kommen uns entgegen oder überholen uns, Fischerboote, Handelsboote, Transportboote mit Baumwolle und Brennholz. Wieder eine Beobachtung, die man nicht sofort macht: es ist kein einziges Motorboot darunter.

Die Flußlandschaft zeigt mannigfache Formationen, Abbruchufer, Lagunen, Schwemmland, Sandbänke. Einmal sichte ich im Uferschlamm sogar die Spuren eines Gavials, jenes Krokodils, das durch die besondere Länge seines schlanken Schnabels auffällt. Wir landen, ich verfolge die Spur, sie verliert sich aber. Der Gavial ist bereits ein

Opfer unserer Zivilisation geworden und fast ganz ausgestorben. Vor wenigen Jahrzehnten noch war dieser dem Menschen völlig ungefährliche Fischfresser überall in den indopakistanischen Flüssen häufig anzutreffen. Die tiefreichenden Eingriffe in sein Lebensgebiet haben ihn dezimiert. Durch Flußverbauungen, Regulationen und Kanalisationen sind die Sumpfgebiete, die seinen natürlichen Lebensraum darstellen, ausgetrocknet. Den Todesstoß aber hat diesem Tier die Mode versetzt, da für die Häute astronomische Preise bezahlt werden. Im Schwarzhandel wohlgemerkt, denn seit 1958 ist die Ausfuhr verboten. Indien hat den Gavial 1972 überhaupt unter Naturschutz gestellt. Aber es mangelt in diesen Riesengebieten an der entsprechenden Überwachung.

Auf 5000 Kilometer Flußlänge sollen im Ganges nur noch sieben Gaviale beobachtet worden sein. Zwischen Sukkur und Guddu leben, wie wir feststellen konnten, höchstens zwei Tiere. Ich überlege mir, wie lange es dauern kann, bis den Flußdelphin das gleiche Schicksal ereilt. Mit Spannung warte ich auf das Ergebnis unserer Zählung.

Miss Knuckey und Karl teilen sich jetzt in diese Arbeit, während ich Skizzen des Flusses anfertige und die Tiere photographiere oder filme. Danibax, der vor ein paar Jahren die Strecke ebenfalls per Boot zurückgelegt hat, erklärt uns, daß sich nach der letzten großen Überschwemmung alles sehr verändert habe. Aus einem damaligen Nebenarm sei heute der Hauptstrom geworden, Sandbänke seien verschwunden, andere gewandert, andere völlig neu gebildet worden. Uferstrecken seien abgetragen worden, an anderen Stellen seien Lagunen entstanden. Die Landschaft sei, so erklärt er uns, dauernd in Bewegung.

Die paar Tage dieser Fahrt nütze ich auch zum Präparieren einiger Exemplare der hier vorkommenden Fischarten. Ansonsten fange ich einige Flußgarnelen und Schildkröten, doch nur, um sie zu photographieren, dann lasse ich sie wieder frei.

Je weiter wir vordringen, um so einsamer wird die Gegend. Die wenigen Siedlungen, die von der Überschwemmung verschont geblieben sind, liegen weitab vom Strom, hierselbst ist kein Mensch mehr anzutreffen.

Einmal, als wir auf einer Sandbank übernachten, höre ich vor dem Einschlafen den Gesang eines Muezzins. In der einsamen Weite der Landschaft und am Ufer des riesigen Stromes klingt er voll Feierlichkeit, langsam und schön, als ob sich die Zeit hier in Ewigkeit auflöste. Man lebt hier anders, fast möchte ich sagen biblischer, wirklicher, ich meine menschlicher.

Einen Tag vor unserer Ankunft in Guddu nehmen wir eine Lichtmessung vor, die folgende Ergebnisse bringt:

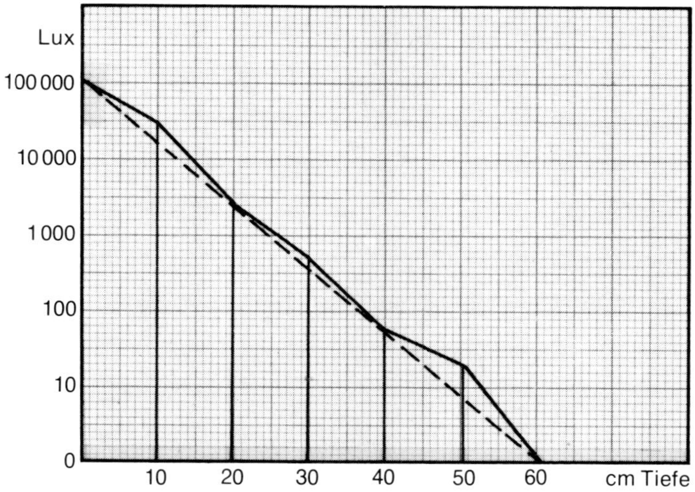

Das heißt, daß bereits in dreißig Zentimeter Tiefe Lichtverhältnisse wie in einem stark dämmrigen Raum herrschen.

Das Abbruchufer wird immer höher. Alle Männer müssen jetzt ziehen, wir haben nicht nur gegen zahlreiche Untiefen anzukämpfen, es gilt auch gegen die Wucht eines eisigen Windes aufzukommen. Unsere Fahrt verlangsamt sich, und wir sind sehr froh, als uns Danibax versichert, daß wir nicht mehr allzuweit von Guddu entfernt seien. An manchen Stellen, die wir passieren, sind ganze Dörfer vom Indus weggeschwemmt worden, nur die Trümmer einiger Häuser blieben übrig. Die Stimmung ist unfreundlich und wehmütig. Unsere Leute haben zu singen aufgehört. Auf einem Plateau über dem Strom weiden Kamele. Ihre Silhouetten heben sich merkwürdig gegen den vom Flugsand düstergelben Himmel ab.

Trotz der vielen Widrigkeiten sind wir jedoch in der Lage, alle Delphine, die wir zu Gesicht bekommen, genau in unseren Karten einzutragen.

Endlich, nach einer Fahrt von rund 170 Kilometern, für die wir sieben Tage benötigten, gelangen wir an das Ende eines Flußbogens und sehen im Osten den Damm von Guddu. Ähnlich jenem von Sukkur ist er aus leuchtendweißen Steinen errichtet, regelmäßige Säulen auf seiner Krone tragen eine Straßenbrücke. Auf ihr flitzen Autos von einem Ufer zum anderen. Aus unserer Entfernung und im Verhältnis zu den wahrhaft pyramidalen Ausmaßen des Bauwerks wirken sie ameisenhaft klein. Autos! Ich reibe mir die Augen, ich hatte in den paar Tagen unserer Bootsfahrt völlig vergessen, daß es sie überhaupt gibt. Mir ist, als ob ich aus einer fernen Zeit zurückkehrte in eine gänzlich fremde Epoche.

Unterhalb des Dammes legen wir an und verbringen die Nacht an Bord. Am Morgen erhebt sich ein fürchterlicher Sandsturm, man sieht nicht weiter als fünfzehn Meter, es ist dunkel wie am späten Abend, und der Sand frißt sich überall ein. In gelber Dunkelheit ist der Damm verschwunden, das Wasser des Indus und der Sand des Sturmes vermischen sich ohne Übergang, wir kommen uns vor wie im Innern einer dunkelgelben Kugel. Nur die Chamota, die Uferschwalben, lassen sich nicht stören. Zu Hunderten fliegen sie kreischend herum, schwärmen aus ihren Nesthöhlen aus und finden mit untrüglichem Instinkt wieder zurück.

Bis zum Nachmittag legt sich der Sturm jedoch wieder. Wir treten die Rückfahrt an. Manchmal lassen wir uns gemächlich von der mächtigen Strömung treiben, manchmal rudern Danibax und Nazira; aber ebenfalls ... gemächlich. Sie machen es genauso meisterlich wie die venezianischen Gondolieri und mit nicht weniger Grandezza. Nach der strapaziösen Schlepperei stromaufwärts ist es ein angenehmes Gefühl, im buchstäblichen Sinne des Wortes mit dem Strom zu schwimmen, und ich habe dabei mehrmals Gelegenheit, einem Delphinrudel bis auf Fluchtdistanz nahe zu kommen. Wir verweilen inmitten der Tiere, Karl hängt das Ultraschallhydrophon ins Wasser und nimmt die hier sehr deutlich hereinkommenden Signale auf.

Erneut können wir feststellen, daß sich die Tiere hauptsächlich vor den Einmündungen von Kanälen aufhalten, aber noch mehr die Nähe menschlicher Ansiedlungen ebenso wie die der Fähren bevorzugen.

Am vierten Tage erreichen wir den Keti Schah Bela und landen auf Tappu bei unserem Teich. Natha, der uns bereits von weitem kommen sieht und uns zuwinkt, hat ein kleines Festessen bereitet.

Der schwierigste Teil der Expedition kann nun beginnen.

Der Seelenverkäufer

Zunächst verfüge ich mich wieder einmal nach Sukkur. Zwei Dinge muß ich dort erledigen: einen Lastwagen für den Transport vom Hafen zum Bahnhof organisieren – ein entsprechend abenteuerlicher Grottenbahnwagen, der kaum noch auf seinen vier Rädern läuft, ist bald gefunden – und ein geeignetes Fahrzeug auftreiben, das uns von Tappu nach Sukkur bringt. Unser Katar ist mir zu langsam, der Tiere wegen möchte ich die Strecke so rasch wie möglich hinter mich bringen. Dunkel erinnere ich mich, eine Motorfähre gesehen zu haben, die Sukkur mit Rohri verbindet. Aber wie finde ich den Besitzer?

Wir gehen zum Basar. Im Basar weiß man alles. Dort kennt man alles, findet man alles. Am Rande des Platzes stellen wir uns auf und fragen einen der Einheimischen, der ein wenig Englisch spricht, nach dem «man who owns the ferryboat». Dann bleiben wir einfach stehen. Tatsächlich kommt sehr bald ein würdiger Herr auf uns zu. Der Bootseigner, the man who owns. Ja, er kann es uns vermieten. Sein Englisch bestand mehr aus Gebärden denn aus Vokabeln, und die wenigen Vokabeln bestanden fast nur aus den Preisen, die er uns nannte. Preis? Mit Mengenrabatt ein Tagesverdienst. Das ist? «Yes, Sa'ab, fifty Sukkur–Rohri–Sukkur, fifty persons.» Also der Erlös von fünfzigmal Sukkur–Rohri und zurück mit fünfzig Personen. Insgeheim beneide ich ihn um ein Boot mit einer solchen Leistungsfähigkeit pro Tag. Das muß ein Tragflügelboot sein. Und ich verdrehe nur die Augen. Ins Deutsche übersetzt heißt das: es ist für mich unerschwinglich. Wir setzen uns also fürs erste. Der würdige Herr trinkt mit mir Tee und läßt mit sich reden. Ich werfe auf englisch die Arme hoch und fluche auf italienisch. Dreißigmal hin und zurück, vierzig Personen. Ich schlage mich auf englisch vor die Stirn, der würdige Herr antwortet mir mit einem Blick zum Himmel. Noch eine Runde Tee. Fünfundzwanzigmal fünfundzwanzig Personen. Ich will des grausamen Spiels genug sein lassen und bedeute ihm, wie es mich freue, daß wir uns bei zehnmal und zehn Personen einigen konnten. Er seufzt. Fünfzehn, fünfzehn. Rien ne va plus. Wir schütteln einander stumm die Hände.

Da wir ihm «very sympathically» sind, stellt er uns noch eine überdimensionale buntkarierte Decke zur Verfügung, mit der wir während der kühlen Nacht das ganze Boot umhüllen können.

Mit einer *Tonga,* der hiesigen zweirädrigen Pferdekutsche, schaukeln wir gravitätisch zum Hafen hinunter, das so hart errungene Mietobjekt zu besichtigen.

Und da ankert das Prachtexemplar!

Ich hatte es, wie gesagt, einmal ganz flüchtig gesehen. Nun sehe ich es weniger flüchtig, und das ist schlecht. In der Mitte des Bootes rosten die Reste eines sichtlich noch aus der Werkstatt seines Erfinders Otto selbst stammenden Viertakters. Das ganze Vehikel ist öl-, ruß-, fett-, kotverschmiert. Beschirmt von einem Dach aus teilweise verfaulten, teilweise vor Dürre geborstenen Holzleisten. Und im Rumpf steht das Wasser bis zu den Sitzen.

Wortlos drehe ich mich um, will gehen. Der würdige Herr eilt mir nach. Zehnmal zehn Personen. Außerdem sei er selber Oberingenieur, er verstehe etwas von Schiffen und Maschinen. «Motor and ferryboat very good!» Auch das bißchen Wasser soll kein Hindernis sein. Wozu gibt es Pumpen? Er wird eine Pumpe besorgen. Eine Pumpe also, dann einen Steuermann und einen Ingenieur für den Motor. Also noch ein Ingenieur. Die Invasion in der Normandie dürfte nicht besser vorbereitet worden sein.

Nach wenigen Minuten kommen drei würdige Herren herbei. Der Ingenieur, der Steuermann und ein dritter, der, wie sich herausstellt, als «Pumpe» fungieren soll. (Dieser arme Kerl hat dann auch Tag und Nacht mit einem Holzeimer das Wasser aus dem Boot schöpfen müssen.)

Ich resigniere, gebe eine Anzahlung – fünfmal fünf Personen –, wir steigen ein. Der Ingenieur bückt sich über den Motor, breitet die Arme beschwörend aus, macht hypnotische Gesten. Und siehe, aus dem Motor ertönt ein Knall, eine blaue Wolke steigt auf. Nochmals die Beschwörung. Der Motor fängt zu tuckern an. «Motor very good!» Der Ingenieur strahlt. Der Oberingenieur hat also recht gehabt. Vergaser und Gasgestänge liegen offen am Motor und müssen direkt von Hand betätigt werden. Daneben steht der Benzinkanister, darüber hängt die große Petroleumlampe. Der Auspuff geht vertikal durch das Holzdach, gottlob durch eine faule und keine dürre Stelle. Der ganze Rumpf bebt, wenn der Motor läuft. Die Kühlwasserpumpe hat einen chronischen Husten mit einem etwas öligen Auswurf. Mit einem Stück Schnur bindet der Ingenieur den Vergaser an den Auspuffkrümmer an, damit beides in der richtigen Stellung bleibe. Wir stechen in See, in eine riesige blaue Wolke gehüllt, als ob uns ein Dschinn aus Tausendundeiner Nacht davontrüge. Der Oberingenieur winkt uns nach, auch wir winken einen letzten Gruß und denken dabei an den Marylin-Monroe-Film «River of no return». Der Motor klopft, manchmal bellt er. Der Ingenieur lacht uns an. Quer über seine Stirn zieht sich eine Narbe. Sie stammt von einer Explosion.

Und unsere «Pumpe» pumpt, daß ihr trotz des kühlen Tages der Schweiß herunterrinnt.

Seelenverkäufer nannten die Seeleute einst jene Schiffe, denen man ansah, daß sie ihren Bestimmungshafen wohl kaum erreichen würden. «Widow-maker», Witwenmacher.

Aber wir kommen mit unserer Ala Martina, wie dieser schwimmende Sarg heißt, wohlbehalten auf Tappu an.

Die kostbare Fracht

Im trüben Wasser des Teiches auf Tappu ist es nicht so leicht, die Delphine einzufangen.

Mein erster Weg führt mich wieder zu den Delphinen. Das Wasser des Indus ist weiter zurückgegangen und damit auch der Wasserstand im Teich. Ganz deutlich kann ich jetzt das Seitenschwimmen an den flachen Uferpartien erkennen. Natha füttert die Tiere.

Die letzte Nacht verbringen wir wieder im Motorboot, das endlich halbwegs trockengelegt ist. Alle Pullover, über die wir verfügen, haben wir angezogen, die Riesendecke der Oberingenieurs wird um das Boot gespannt, um uns vor dem kalten Nachtwind zu schützen, und wir frösteln uns in den Schlaf.

Gleich am Morgen spannen wir das Fangnetz im Teich aus, und Natha fängt die Delphine der Reihe nach ein. Ich bitte ihn, sehr vorsichtig zu sein, eingedenk des traurigen Begebnisses am Gela Bil. Aber die Delphine im Teich haben sich schon ein wenig an den Menschen gewöhnt, sie überstehen die Manipulation ohne Schaden. Die zwei größten und robustesten bestimme ich für die Reise, ein Weibchen und ein Männchen. Die anderen lassen wir behutsam in den Indus gleiten.

Miss Knuckey, Karl, Natha und ich blicken ihnen nach. Ich glaube nicht, daß unsere Freunde unsere Abschiedsgefühle teilten, als sie die Freiheit des weit dahinströmenden Indus wieder verspürten. Im Nu waren sie weg, wir sahen sie kaum mehr blasen.

Nun wird es endgültig ernst. Wir überprüfen die Ausrüstung: 3 Holzkisten, 120×60×60 cm, 3 Stück Schaumgummi, 120×60×10 cm, 3 Decken, 6 dicke Nylonplanen zu je 250×150 cm, 3 Bahnen Leinwand, 3 Schwämme, 2 Magensonden zu je 0,5 cm Durchmesser, 2 Plastikspritzen von je 100 cm^3 Inhalt, 2 Ballons mit je 10 l Induswasser, 1 Büchse Lanolin, 2 Thermometer, 2 Hygrometer.

Wir richten die Kisten her und füllen bis 2 Zentimeter Bodenhöhe Induswasser ein. Ganz vorsichtig legen wir die Tiere auf den Boden der Behälter, die rechte Seite nach unten. Sie werden mit befeuchteter Leinwand bedeckt, Augen und Ohren mit einer doppelten Lage verhüllt, um die ungewohnten Umwelteindrücke möglichst fernzuhalten, zumindest zu dämpfen. Über die Kistenöffnungen kommen noch wassergetränkte Leinwandtücher.

Der im Teich gefangene Delphin wird behutsam aus dem Netz gelöst.

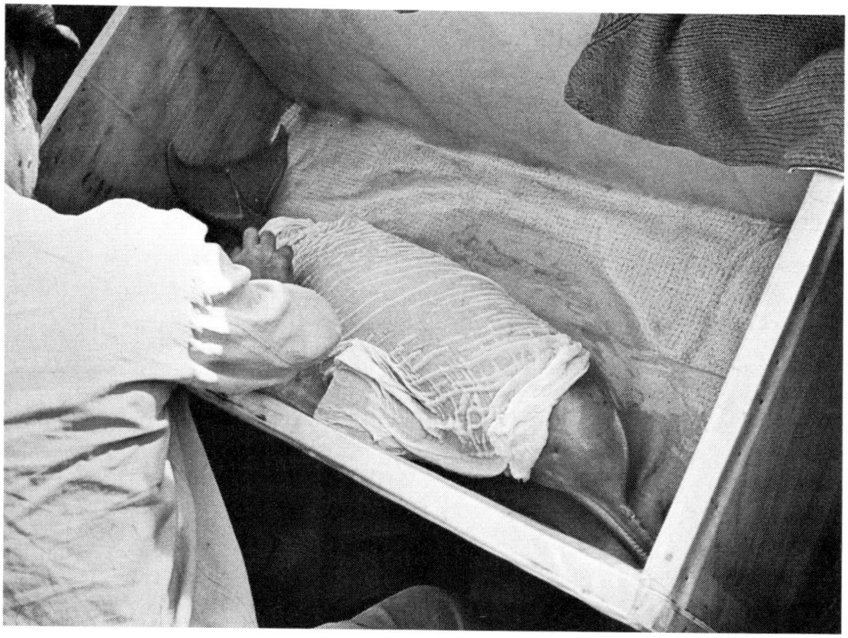

Sorgfältig werden die Tiere mit feuchter Leinwand bedeckt.

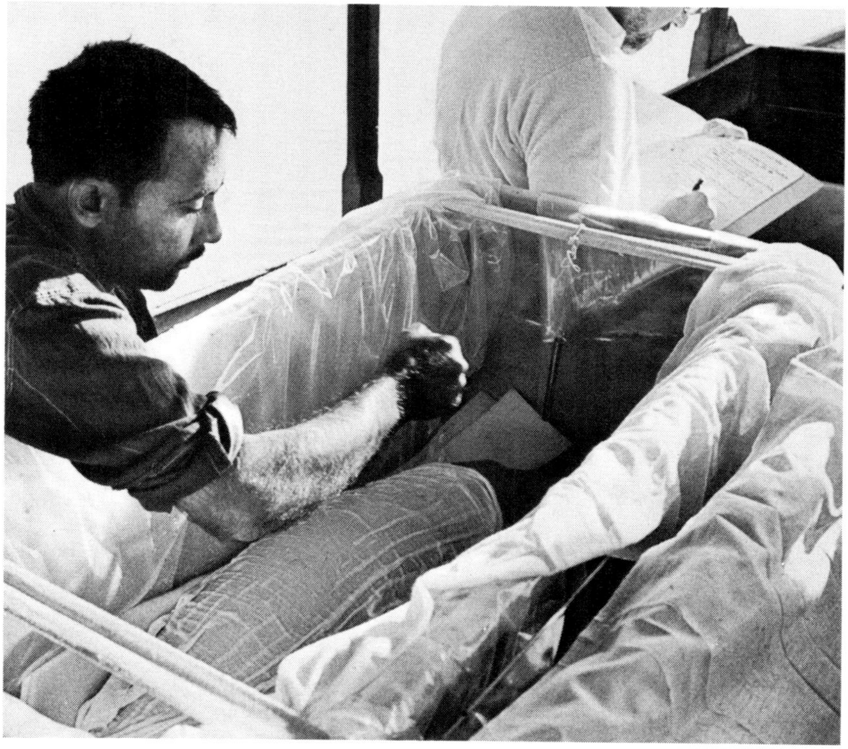

Ununterbrochen benetzt Natha die Delphine mit Induswasser.

Die Behälter werden zum Ufer von Tappu getragen.

Behutsam tragen wir die Kisten auf das Boot, wobei sogar der Ingenieur mithilft. Die dritte Kiste ist als Reserve gedacht, falls eine der beiden anderen schadhaft wird. Es ist genau 15 Uhr 15. Lufttemperatur 22 Grad, Wassertemperatur in den Behältern 20 Grad. Luftfeuchtigkeit 100 Prozent. Der Ingenieur beschwört den Motor, bis er mit seiner blauen Wolke anspringt. Und mit äußerster Kraft voraus fahren wir nach Sukkur. Mit ungefähr sieben Stundenkilometern, was hier, auf dem Strom der Katars, fast Renngeschwindigkeit bedeutet. Karamelei mit Anhang folgt in seinem Boot nach.

16 Uhr 20. Ankunft im Hafen von Sukkur. Die Tiere atmen regelmäßig, leichte Schürfwunden an der Schwanzflosse des einen bestreiche ich mit Lanolin. In kurzen Abständen befeuchten wir die Leinwand. Manchmal geben die Tiere kurze Laute von sich, die sich deutlich von ihren Atemgeräuschen unterscheiden.

Der Oberingenieur hat anscheinend den ganzen Basar alarmiert, denn eine riesige Menschenmenge schaut uns beim Verladen der Kisten auf den Lastwagen zu und läßt beifälliges Raunen vernehmen, wenn uns das Emporhieven einer Kiste oder einer sonstigen Last besonders gut gelingt. Vorsichtig fahren wir dann über die ungepflasterten Straßen zum Bahnhof. Selbstverständlich habe ich den Schiffseigner bezahlt. Zehnmal hin und zurück, zehn Personen, wie ausgemacht. Ingenieur, Steuermann und «Pumpe» bekommen auch ihren Teil.

20 Uhr. Die Behälter mit den Tieren werden in ein Abteil gestellt. Temperatur in den Behältern 20 Grad, Luftfeuchtigkeit in den Behältern 87 Prozent. Von Zeit zu Zeit schütten wir Wasser auf den Boden, um auch im Abteil selbst einen hohen Luftfeuchtigkeitsgrad zu behalten. Wenn wir uns das in Europa erlaubt hätten! Hier aber hatten die Eisenbahner, als sie die Delphine sahen, vollstes Verständnis für diesen «Sonderfall». Überhaupt scheinen diese Menschen ein richtiges Verhältnis zu den zivilisatorischen Einrichtungen zu haben. Die Dinge sind ihnen Mittel zum Zweck, nicht mehr. Zweck ist der Mensch. Bei uns ist es seit langem schon umgekehrt.

21 Uhr 45. Abfahrt. Es sollte eine bewegte Nacht werden. Alle drei Stunden muß ich die Delphine tränken. Miss Knuckey hebt den Kopf der Tiere ein wenig an, öffnet ihnen die Schnäbel, ich führe die Magensonde etwa zwanzig Zentimeter tief in den Schlund ein und lasse aus der Plastikspritze ein wenig Induswasser einfließen. Das Schlucken geht anstandslos vor sich. Die Tiere verhalten sich ruhig, manchmal machen sie mit den Brustflossen eine rhythmische Bewegung. Atem und Herzschlag sind regelmäßig. Zur Vermeidung eines Lungenkollapses drehen wir sie mehrmals von einer Seite auf die andere. Und natürlich müssen die Tücher ununterbrochen benetzt werden. Miss Knuckey, Karl, Natha und ich wechseln einander ab.

Einige Male müssen wir die Delphine auch «wickeln», wenn sie etwas von sich gegeben haben. Dann muß die Leinwand sorgfältig ausgewaschen werden, ebenso die Decke und der Behälter.

Mehrmals des Nachts stoßen die Tiere schrille Laute von etwa einer Sekunde Dauer aus, die wie das Miauen einer jungen Katze klingen. Gegen Morgen werden sie sichtlich müde. Ihre Reaktionen sind langsamer geworden. Aber der Atem geht weiterhin regelmäßig. Lufttemperatur und Luftfeuchtigkeit in den Behältern weiterhin gleichbleibend.

7 Uhr 15. Ankunft in Karachi. Wir sind gerädert und geschunden, alle am Ende unserer Kraft.

Rasch werden die Behälter auf einen Landrover umgeladen, und wir schlängeln uns schnellstens durch den regen Verkehr zum Midway Hotel. Miss Knuckey steigt der Einfachheit halber gleich mit den Kleidern in den Swimming-pool, um die Tiere, die in der ungewohnten Umgebung in Apathie verfallen, bei ihren ersten Schwimmbewegungen zu unterstützen. Sonst bestünde die Gefahr, daß die Delphine in ihrer Ermüdung einfach absacken und ertrinken. Aber nach einigen geduldigen Bemühungen drehen sie die ersten Runden. Wir spannen ein Sonnensegel über das Bassin. Inzwischen sind die Delphine munterer geworden und ziehen gleichmäßig ihre Kreise. Im klaren Wasser können wir nun zum erstenmal das Seitenschwimmen genau beobachten und sehen, daß es sich dabei keineswegs um eine Schwimmweise für den Sonderfall handelt, sondern daß die Tiere einfach immer in Seitenlage schwimmen. Manchmal legen sie sich bei einer Drehung auf den Rücken, rollen in die Bauchlage und tauchen zum Atmen auf.

Wir alle ruhen uns nun von den Strapazen aus. Erst um 23 Uhr des nächsten Tages laden wir die Tiere wieder in die Behälter; in einem Lieferwagen der Swissair geht es zum Flugplatz. Sobald sie im Flugzeug sind, tränke ich sie reichlich mit der Magensonde.

Die letzten Minuten vor dem Abflug gehören unseren pakistanischen Freunden. Uns allen fällt der Abschied sehr schwer, wir hatten einander glänzend verstanden, es hatte nie die geringsten Schwierigkeiten gegeben, weder persönlicher Art noch in der Arbeit. Wir schütteln einander die Hände, umarmen uns. Jeder kommt dran. Karamelei, Danibax, Nazira, Ramatula. Und Natha. Ihm vor allem danke ich, denn er hat sich mit großer Begeisterung und Hingabe für unser Unternehmen eingesetzt, und daß es zu einem solchen Erfolg werden konnte, ist nicht zuletzt ihm zu verdanken.

«Aasalamalekum, Natha!» Allah sei mit dir!

Wir gehen durch das Gate.

0 Uhr 45. Take-off. Die Delphine sind von den sie umgebenden Geschehnissen völlig unberührt. Atem regelmäßig, Verdauung regel-

mäßig. Miss Knuckey, Karl und ich wechseln einander wieder einmal in der Betreuung ab.

10 Uhr 45 MEZ. Nach einer Zwischenstation in Athen landen wir endlich in Zürich. Außentemperatur minus sieben Grad. Wir stellen jedem Delphin vier Wärmeflaschen in den Behälter und bedecken diesen mit Wollplaids, bevor die Luke geöffnet wird.

Vor dem Exit steht mit bewährter Schweizer Präzision die Ambulanz bereit. Drinnen ist es schön warm, und endlich haben wir wieder einmal ein Auto mit guter Federung. Mit 80 Stundenkilometern geht es nach Bern. Unterwegs fällt leise der erste Schnee.

Und um 13 Uhr 30 sind wir im Hirnanatomischen Institut angekommen. Unsere Mitarbeiterinnen, Frau Doktor Kraus und Frau Doktor Gihr, haben uns schon ungeduldig erwartet. Alle helfen mit, die Transportbehälter ins Delphinarium zu tragen, wo das große Becken vorbereitet ist. Miss Knuckey, bereits Spezialistin im Baden mit Kleidern, steigt ins Wasser. Es zeigt sich auch hier, daß es nötig ist, den durch den Milieuwechsel irritierten Tieren beizustehen. Sie beleben sich erst allmählich. Mit anfänglich langsamen und matten Schwanzbewegungen, dann immer zügiger schwimmen sie Kreise, orientieren sich anscheinend, tauchen bis auf den Grund, steigen auf, atmen, tauchen und schwimmen.

Bereits nach zwei Tagen fangen sie selbst die ersten Fische! Es sind schlichte europäische Weißfische, die wir ihnen lebend ins Bassin werfen. Die Delphine schwimmen ihnen zielstrebig nach, schnappen sie und schlucken sie.

Unser Unternehmen war zu einem guten Ende gelangt. Bern besitzt heute die einzigen Exemplare der Platanista, die in Gefangenschaft am Leben erhalten werden konnten. Hier, in ihrer zweiten Heimat, ziehen sie ihre Kreise, sie gedeihen sichtlich, und wir hoffen, daß sie sich nach Eintritt der Geschlechtsreife auch vermehren werden. Für unsere Bemühungen wäre das der schönste Lohn.

Im Laufe der Jahre konnten wir eine Menge Beobachtungsmaterial über die Flußdelphine sammeln und auch einige neue Erkenntnisse gewinnen, die für die Erforschung der Delphine im allgemeinen, also auch der Meeresdelphine, wichtig sind. Davon soll im zweiten Teil die Rede sein.

Walforschung an der Berner Universität

Vielleicht wird sich der Leser fragen, wie eine so eindeutig binnenländische Forschungsstätte wie das Hirnanatomische Institut der Psychiatrischen Universitätsklinik Bern dazu kommt, sich mit einem Tier zu befassen, wie es der Flußdelphin ist. Sein Verbreitungsgebiet liegt ja in Asien, jedenfalls weitab von der Schweiz, und auch die Herkunft dieser Art von marinen Formen würde eher eine Erforschung durch ein meeresbiologisches Laboratorium vermuten lassen.

Nun, im Mittelpunkt der Forschungsarbeit unseres Berner Instituts steht die Anatomie des menschlichen Gehirns – des normalen und des pathologischen. Es ist jedoch nicht immer leicht, das für die Forschung nun einmal unumgänglich nötige Untersuchungsmaterial zu bekommen, und aus leicht begreiflichen Gründen sind auch die Möglichkeiten des Experimentierens am Menschen sehr eingeschränkt. Zum Studium und zum Verständnis der Hirnfunktionen und zu deren Lokalisation bedient man sich daher der Gehirne von Tieren. In erster Linie kommen für solche Untersuchungen der Hirnmorphologie die Gehirne von Tieren auf niedriger zerebraler Entwicklungsstufe in Frage. Bei ihnen sind die Funktionen formstarr in Reflexen verankert, die stereotyp vor sich gehen und sich verhältnismäßig leicht, vor allem jedoch eindeutig auf ganz bestimmte Gehirnpartien lokalisieren lassen. Vergleiche können jedoch nur innerhalb der einzelnen Tiergruppe angestellt werden. So zieht man für das Studium des menschlichen Gehirnes die Gehirne der Primaten heran. Das Studium der Primatenreihe – von den Subprimaten über die Halbaffen zu den höheren Formen – gibt durch Vergleiche Aufschluß über die Entwicklung des Gehirnes von den ungefurchten, lissencephalen, zu den gefurchten, gyrencephalen Gehirnen, und man sieht, welche Teile sich auf welche Art und in welchem Ausmaß weiterentwickeln. Dies ist eine der Hauptaufgaben der heute so aktuellen Primatologie. Eine ähnliche Arbeitsmethodik hat die Verhaltensforschung entwickelt, bei der die Verhaltenselemente nahverwandter Arten auf der Basis des Homologiebegriffes analysiert und mit denen höher entwickelter Arten verglichen werden. Die

Studien von Kortland, Kummer, Jane van Lawik-Goodall und anderen Forschern haben gezeigt, welche innige Verbindung zwischen der Psyche des Menschen und der seiner Stammesgenossen besteht.

Nun ist im menschlichen Gehirn aber nur *ein* Weg zu erkennen, den die Natur zur Entwicklung eines solchen Organs eingeschlagen hat, und es wäre interessant, eine Evolution zu verfolgen, die in völlig anderen Geleisen verlaufen ist und dennoch zu ähnlichen Endformen geführt hat. Hier bieten sich Tiere wie Wale und Delphine eigentlich von selbst an. Zwar sind sie mit den Menschen bei weitem nicht so eng verwandt wie die Primaten und gehören auch einer ganz anderen Säugetierordnung an. Doch hat die Natur hier ein zweites Mal das Wunder vollbracht, ein Lebewesen – noch dazu eines ohne Greiforgane, das nur im Wasser lebt – zu einer Gehirnentwicklung zu befähigen, die der des Menschen gleichkommt. Die Gehirnentwicklung beim Tümmler steht, wie wir sehen werden, durchaus auf derselben Stufe wie die beim Menschen.

Ein direkter Vergleich läßt sich freilich nicht anstellen. Aber das Studium der einen Gehirnart wird das der anderen befruchten, es können evolutive Parallelen aufgezeigt werden, die ganz allgemein zum Verständnis eines solchen Phänomens, wie es das Gehirn ist, beitragen.

Will man nun das Gehirn der Wale erforschen, so wird man einen ähnlichen Weg gehen wie beim Studium des menschlichen Gehirnes und entsprechend der Stufenleiter *Subprimaten, Halbaffen, höhere Formen* auch hier vom Einfachen zum Komplexen zu gelangen suchen.

Zwei für diesen Forschungsweg äußerst günstige Vorbedingungen erfüllt die *Platanista.* Von allen Delphinen weist sie den niedrigsten Grad der Gehirnausbildung auf, und zu dieser Einfachheit der Struktur tritt der höchste Grad von Spezialisierung auf einen einzigen Wahrnehmungssinn: das Gehör. Von dieser Form ausgehend, wird später ein Vergleich der einen Struktur mit der nächsten zu erfolgen haben – von *Platanista, Lipotes, Inia, Pontoporia* bis hinauf zum gemeinen Delphin und zum Tümmler.

Wahrscheinlich wird auch der Mensch von diesen Studien profitieren und die Vorgänge in der Evolution, ihre Ursachen, ihre Auswirkungen gründlicher durchschauen. Denkbar auch, daß der Mensch aufgrund des Verhaltens dieser Tiere innerhalb ihrer komplexen gesellschaftlichen Strukturen zum Modell einer völlig anders organisierten Sozietät gelangt, das unserer dahinhinkenden Gesellschaftsordnung zumindest als Krücke dienen könnte.

In der Sackgasse der Evolution

Im beginnenden Tertiär, also vor rund 50 Millionen Jahren, traten mehr oder minder plötzlich die ersten *Cetaceen* auf, wie die Ordnung der Wale wissenschaftlich genannt wird. Ihr Ursprung verliert sich im geologischen Dunkel. Manche Forscher vermuten, sie stammten von den *Creodonten* ab, waldbewohnenden primitiven Raubtieren, die über eine amphibische Form zu Wasserbewohnern wurden. Andere Forscher nehmen eine direkte Abstammung von *Insectivoren,* Insektenfressern, an. Eine dritte Theorie besagt, daß die Zahnwale sich aus den Creodonten entwickelt haben, die Bartenwale indes aus Paarhufern.

Eine für die Wissenschaft nicht seltene, sozusagen typische Situation. Man vermutet einiges, weiß aber nichts Genaues. Jedenfalls liegen keinerlei Fossilfunde irgendeiner klaren Übergangsform vor.

Die ältesten Skelettfunde, über die wir verfügen, stammen vom *Archaeoceten,* dem Urwal. Rekonstruktionen sprechen für einen kosmopoliten Flachwasserbewohner, dessen Reste an den Küsten Nord- und Westafrikas, Europas, Nord- und Südamerikas sowie Neuseelands gefunden wurden. Sein Gebiß ist durch die mehrspitzigen Mahlzähne besonders charakteristisch. Die Nasenöffnung befindet sich noch ziemlich weit vorne. Erst im Verlauf der Stammesentwicklung sollte sie mehr und mehr nach hinten und oben wandern, bis sie schließlich an die Oberseite des Schädels gelangte, die bei einem Leben im Wasser für die Atmung geeignetste Stelle.

Mit Hilfe der gefundenen Schädelknochen stellte Professor Dart Ausgüsse des Gehirnraumes her, die auf eine geringe Gehirnausbildung schließen lassen. Die beiden Großhirnhemisphären sind dürftig entwickelt. Dafür sind noch mächtige Riechkolben vorhanden, die bei den heutigen Cetaceen gänzlich fehlen. Der Gleichgewichtsnerv hat ein ungleich stärkeres Kaliber als der Gehörnerv. Ausgeprägt ist bereits damals das Kleinhirn.

Welche Gründe maßgebend dafür waren, daß es bei den Meeressäugern zu jener gewaltigen Cephalisation kam, die zu einer nur mit der des Menschen vergleichbaren Ausbildung des Gehirns führte, können wir nicht sagen. Beim Menschen hat man immerhin Argu-

Die Tethys im mittleren Eozän vor ca. 50 Millionen Jahren nach Verlandung der indischen Halbinsel. Die heutigen Umrisse sind gestrichelt dargestellt. Indus, Ganges und Brahmaputra, wie sie heute verlaufen.

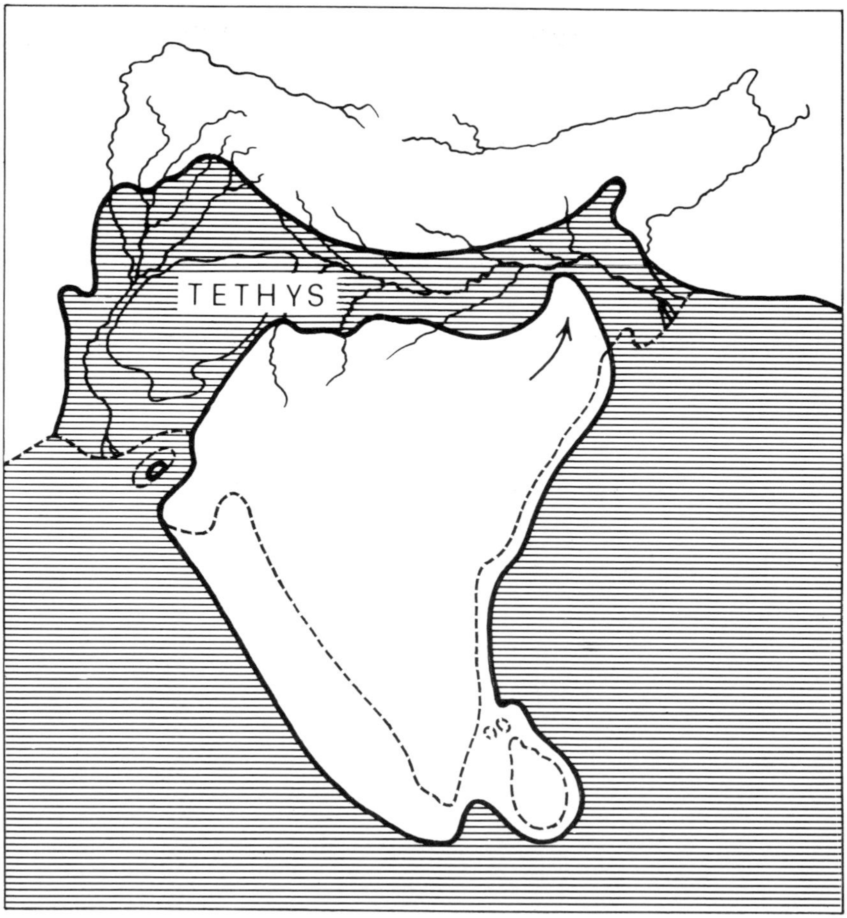

mente wie den Wechsel vom Baumbewohner zum Bewohner der Ebenen parat; oder die Opposition des Daumens zu den anderen Fingern der Hand; oder die Erlernung des Gebrauchs von Werkzeugen; oder den Mangel jeglicher Spezialisierung der Extremitäten, so daß der Mensch als einziges Lebewesen allen Gefahren der Umwelt völlig preisgegeben war und um zu überleben Intelligenz entwickeln *mußte:* Er ist kein Kletterer, hat weder ein Fell noch einen Panzer, ist kein Läufer, kein Schwimmer, hat keine Krallen, kein übermäßig starkes Gebiß.

Doch selbst solche Theorien kann man, wie gesagt, für die Entwicklung des Cetaceengehirnes nicht anwenden.

Bereits im Jungtertiär sind viele Formen der Zahnwale vorhanden, unter anderem Vertreter der Gattung Platanista, die man auch im europäischen Miozän, also vor rund 30 Millionen Jahren, gefunden

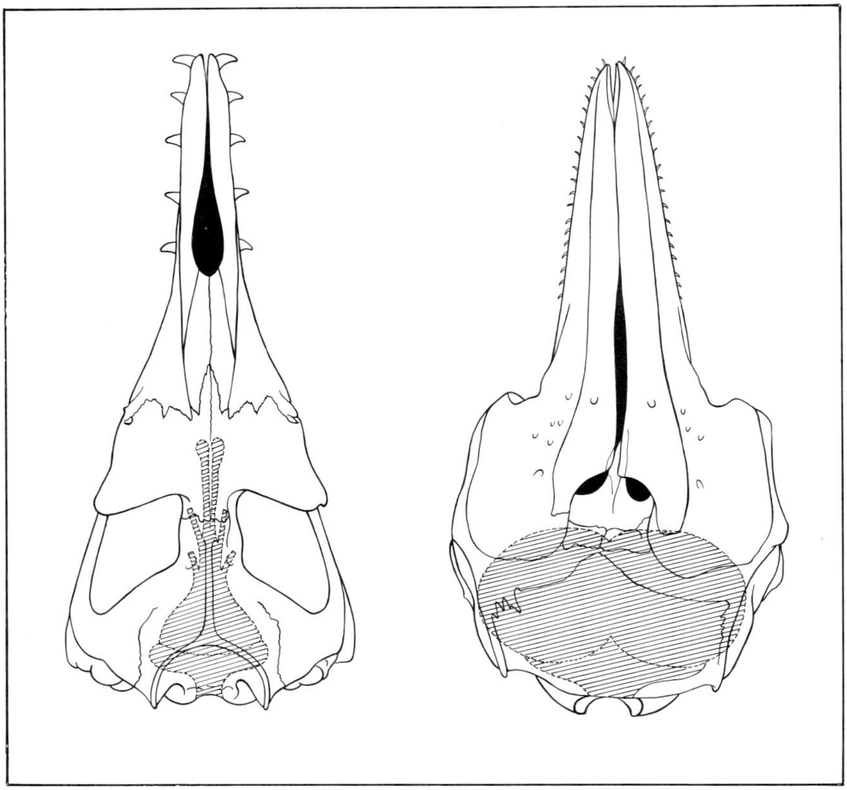

Schädel des Archäoceten, *Prozeuglodon stromeri*, und des Tümmlers, *Tursiops truncatus*. Die Gehirnmasse ist schraffiert.

hat. Die Fundorte lassen vermuten, daß es sich um Bewohner der Küstengewässer handelte.

Es wurde schon davon gesprochen, daß die Vorfahren der beiden Arten *Platanista indi* und *Platanista gangetica* in den nach dem Ablaufen der Thetys entstehenden Stromsystemen des emporgestiegenen indopakistanischen Kontinentalgebietes verblieben und sich den geänderten Umständen anpassen mußten.

Der Platanista kam zugute, was man vielleicht ein wenig mystisch *entelechische Dynamik* nennen könnte, dieses den Wassersäugetieren innewohnende mächtige Lebensprinzip, das die Entwicklung zur Anpassung an das neue Element immer weitertrieb. Allein schon die Eruptivität des Auftretens einer solchen Ordnung ist überraschend. Nirgendwo zeigt sich so deutlich wie bei den Walen die Einwirkung ökologischer Faktoren auf die Formgestaltung des Körpers und die völlige Umbildung des Organismus neben dem konservativen Prinzip, das dem Lebewesen das Ererbte erhalten will – und sei es auch nur in Gestalt rudimentärer Organe, die in den veränderten Lebensumständen zum Teil sogar nutzlos sein können.

Schädelevolution der Zahnwale. Wanderung der Nasenöffnung von der Schnauzenspitze zum Scheitel. Umbildung des Gebisses.
A Creodonte,
B-C Archäocete (Jungeozän),
D. Squalodon (primitiver Zahnwal),
E Tursiops truncatus (Tümmler).

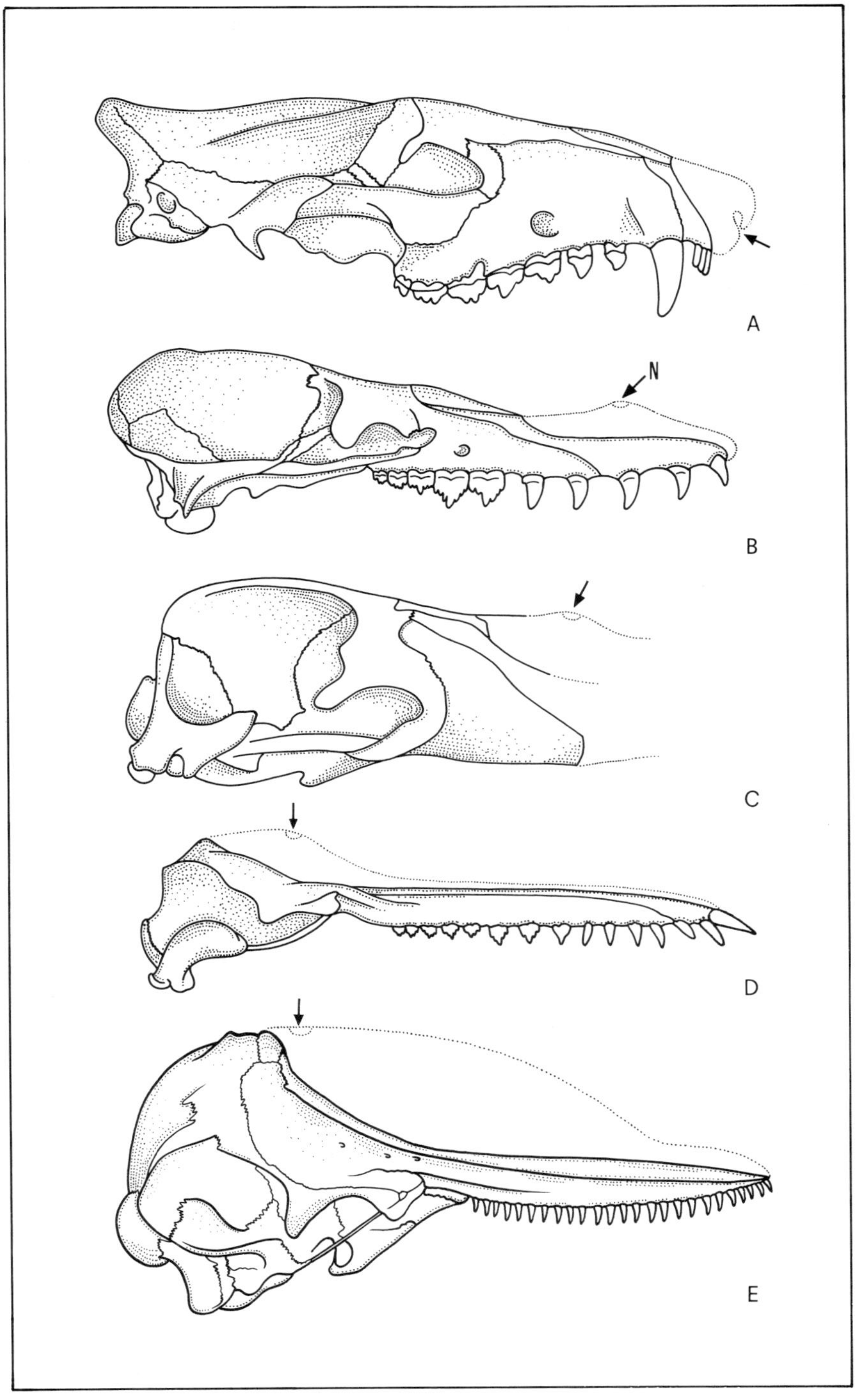

Bei kaum einer Tiergruppe hat die Evolution so tiefgreifende Umformungen mit sich gebracht wie bei den Walen. Das Becken wurde reduziert, die hinteren Gliedmaßen verschwanden völlig. Die vorderen Extremitäten wurden zu Flossen umgebildet. Es entstand eine horizontale Schwanzflosse ohne Knochengerüst, bei vielen Arten eine Rückenfinne. Die Halswirbelsäule verkürzte sich, die Halswirbel verschmolzen. Die Nasenöffnungen vereinigten sich und wanderten zum Scheitel, damit rückte der Nasen-Rachen-Gang in die Vertikale, was nicht nur mit einer Umstrukturierung von Weichteilen, sondern der ganzen knöchernen Konstruktion des Schädels einherging. Alle Lebensgewohnheiten mußten radikal umgestellt werden. Neben einer geeigneten Blutzusammensetzung kam es zur Bildung großer Blutspeicher, der Wundernetze, um das Sauerstoffproblem beim Tauchen zu meistern. Die Gehörorgane mußten den akustischen Gegebenheiten des Wassers angepaßt werden.

Welch ein gewaltiger Vorgang das war – fast schon keine Evolution mehr, weit eher eine Art Revolution –, wird allein schon am Aussehen dieser Tiere deutlich. Es gibt nichts, was dem Säugetier unähnlicher wäre als ein Wal oder ein Delphin.

Bei der Platanista war dieser Entwicklungsimpuls nicht minder heftig als bei ihren Verwandten, nur war er streng selektiv auf ein bestimmtes Gebiet gerichtet: die Ausbildung eines, man möchte sagen überdimensionierten Sonarapparates bei gleichzeitigem Verlust des Gesichtssinnes. Dabei sistierte die Entwicklung aller für den Gehörsinn nicht zuständigen Strukturen des Gehirnes, dessen Gewicht beim ausgewachsenen Tier nicht mehr als 250 Gramm beträgt. Daher fehlen alle höheren Verhaltensformen, wie sie etwa bei den Meeresdelphinen vorzufinden sind. Das soziale Verhalten ist wenig ausgeprägt. Während einige Walarten Wanderungen über Tausende von Kilometern Distanz unternehmen und wieder zu jenen Regionen zurückfinden, wo sie ihre Jungen zur Welt bringen, beschränkt sich die Platanista auf einen viel engeren Bereich. Die jahreszeitlich bedingten Ortswechsel vom Hauptstrom des Brahmaputra in die Nebenströme und zurück bieten hierfür keine Vergleichsbasis.

Es hat den Anschein, als ob es sich bei der Platanista um ein Wesen handle, das seine gesamte Lebensenergie aufwenden mußte, um einen Ausweg aus einer verzweifelten Situation zu finden. Durch jene bereits erwähnte Naturkatastrophe in geologischer Vergangenheit erfuhr ja ihre Umwelt eine grundlegende Änderung, das Tier wurde von seinem ursprünglichen Lebensbereich, den Küstengewässern, abgeschnitten und zum Leben in einem neuen Milieu, dem trüben, undurchsichtigen Flußwasser des Indus-Ganges- Brahmaputra-Systems, verurteilt.

Hier setzt nun die Anpassung ein, die eine neuerliche Spezialisierung mit sich bringt und der die Platanista ihr Überleben verdankt.

Das neue Milieu mußte sich auf den vorhandenen Sinnesapparat einschneidend auswirken. So verkümmerte infolge der schlechten Licht- und Sichtverhältnisse das Auge (die Zoologen sprechen schlechthin vom «blinden Flußdelphin»). Die Linse atrophierte. Die Augenspalte hat einen Durchmesser von nicht mehr als zwei, drei Millimetern. Die Augenmuskeln sind zurückgebildet. Nur noch die Iris ist vorhanden, sie ist mit ihren Schließ- und Öffnungsmuskeln auch noch voll funktionsfähig. Auch eine Netzhaut gibt es zwar noch, jedoch ist die Ganglienzellschicht, die den Licht- in einen Nervenreiz umsetzt, zellarm. Und vom Sehnerv schließlich ist nur noch ein fadendünner Rest vorhanden. Mit diesem Auge, das am ehesten einer Lochkamera vergleichbar ist, ist ein Bildsehen unmöglich. Die Platanista kann nur noch Hell und Dunkel unterscheiden sowie die Richtung des Lichteinfalls ausmachen.

Wenn man sich vergegenwärtigt, welch gewaltige Reduktion das Erblinden im Leben eines Individuums bedeutet, so hat man einen ungefähren Begriff, wie sehr auch eine ganze Art von einem solchen Vorgang betroffen sein mag.

Die Natur hat diesen Mangel auf eine erstaunliche Weise kompensiert. Und zwar durch extreme Ausbildung und Verfeinerung eines Sinnes, der schon bei den frühen Walen – wie zum Beispiel bei den Squalodonten – vorhanden war, nämlich des Ortungssinnes durch das Gehör, das sich den Echoeffekt zunutze macht und auch genauso arbeitet wie das vom Menschen einige Jahrmillionen später entwickelte Echolot oder Sonar.

In einem mehr oder weniger lichtlosen Milieu muß zur Orientierung der Gesichtssinn durch einen anderen Apparat ersetzt werden, der die Gegebenheiten der Umwelt vermittelt. Bei den Fischen hat vielfach der Tastsinn diese Aufgabe übernommen, vor allem mit dem eigentümlichen Organ der Seitenlinie, einer Aneinanderreihung sensibler Tastzellen an den Flanken des Fisches, die auf feinste Druckreize ansprechen; Druckwellen, die durch andere Tiere erzeugt werden, aber auch Schallwellen, die ja nichts anderes sind als rhythmische Druckschwankungen eines Mediums. Bei verschiedenen anderen Fischen schlug die Natur einen ausgesprochen elektrotechnischen Weg zur Lösung des Wahrnehmungsproblems ein. Die Nilhechte verbreiten als lebende Akkumulatoren ein elektrisches Feld um sich. Wird dessen Struktur durch ein vorbeischwimmendes Beutetier verändert, so nimmt dies der Fisch wahr.

Im Falle der Platanista nun wurde das bereits vorhandene Sonar bis an die Grenze des Vorstellbaren verfeinert. Die Platanista ist nicht nur imstande, Gegenstände von Millimetergröße genau auszumachen, ihr Gehörsinn ist so differenziert, daß sie auch noch Konsistenzunterschiede des georteten Objekts feststellen, also etwa einen lebenden Fisch von einem toten oder einen toten von einer Attrappe unterscheiden kann.

Das Messende muß immer feiner sein als das Gemessene. Das Auflösungsvermögen des Mikroskops endet dort, wo das Objekt kleiner ist als die Lichtschwingung. Deshalb hat man das Elektronenmikroskop entwickelt, das mit einem Strahl arbeitet, der noch feiner schwingt als das Licht. Mit solch einem Elektronenmikroskop kann nun im Prinzip der Sonarapparat der Platanista verglichen werden. Gewöhnlicher Schall, wie der Mensch ihn hört – der Erwachsene bis zu 18 000 Hertz (Hz), wie die Schwingungen nach ihrem Entdecker genannt werden, in der Sekunde –, wäre seiner größeren Wellenlänge wegen zu grob und würde keine deutlichen Eindrücke vermitteln. So hat die Platanista die Fähigkeit entwickelt, Schall bis zu 200000 Hertz zu erzeugen und entsprechend zu bündeln, um auch ein kleines Objekt akustisch abzutasten, ein entsprechendes Echo aufzunehmen und auszuwerten.

Aus physikalischen und anatomischen Gegebenheiten ist dieses Schallfeld bei der Platanista nach vorne gerichtet und auf einen verhältnismäßig engen Bereich beschränkt. Zugunsten der Intensität der Beobachtung wurde die Extensität der Wahrnehmung eingeschränkt.

Allein mit der akustischen Ortung wäre also der Platanista eine Orientierung nach oben und unten unmöglich, und auch eine Seitenorientierung wäre erschwert, denn die Beweglichkeit des Halses liegt vor allem in der Vertikalen, so daß das Tier, wollte es sich mit dem Sonar einen ausreichenden Umwelteindruck verschaffen, sich um jede Körperachse drehen müßte.

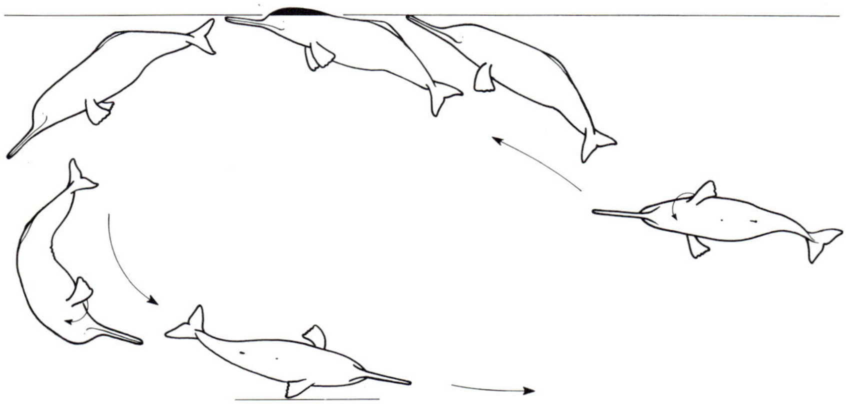

Seitenschwimmen und Blasen bei Platanista.

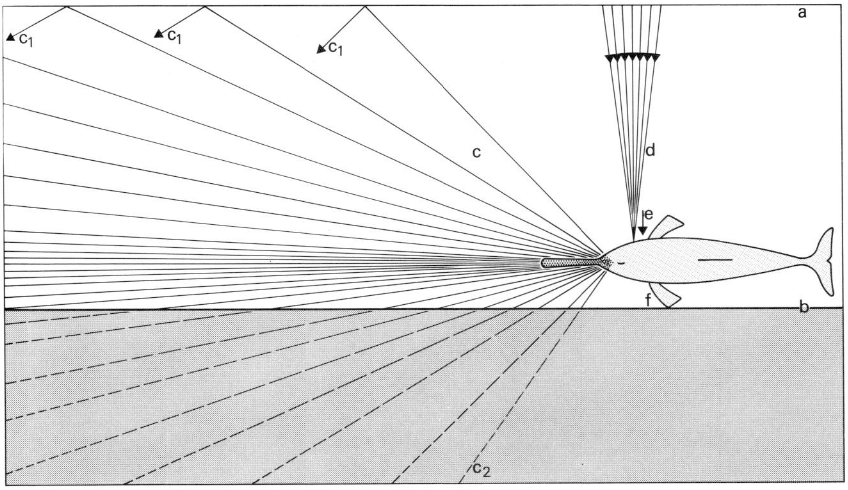

Schematische Darstellung der Sinnesfunktionen von Platanista unter natürlichen Bedingungen. a Flußoberfläche, b sandig-schlammiges Flußbett, c Sonarfeld, c_1 Reflexionen an der Wasseroberfläche, c_2 Schallverluste im Bodenschlamm, d «Gesichtsfeld», e Lage der äußeren Gehöröffnung, f den Flußgrund abtastende Brustflosse.

Hier liegt, wie schon erwähnt, die Erklärung des Seitenschwimmens. Wie ein Blinder sich am Stock eine Wand entlangtastet, so sucht die Brustflosse den Grund des Gewässers ab. Dabei hilft noch das rudimentierte, jedoch lichtempfindliche Auge, durch dessen Lidspalte und dicke, starre Lider das Licht axial einfällt und die Richtung der Wasseroberfläche anzeigt. In der Seitenlage wird auch die gegenüber den anderen Vertretern der Delphine ausgeprägte Nickfähigkeit des Kopfes wirksam, wodurch die Platanista nun einen großen, etwa trichterförmigen Frontbereich mit ihrem Schallkegel bestreichen kann. Der Kopf des in Seitenlage schwimmenden Tieres kann durch die freien Halswirbel hin- und hergeneigt werden, vergleichbar mit der Bewegung eines Radarschirms. Der Schallkegel hat in der Vertikalen eine größere Ausdehnung als in der Horizontalen, und so wird praktisch in den seichteren Flußstellen der gesamte Bereich zwischen Grund und Oberfläche abgetastet.

So hat sich also die Platanista in der Sackgasse ihrer Evolution zurechtfinden können. Und diesen Anpassungen verdankt sie ihr Überleben.

Nur durch *einen* Faktor ist dieses Überleben aufs äußerste gefährdet, durch einen Faktor, der in diesem «Überlebensprogramm» nicht einkalkuliert war: das ist der Mensch, der diesem harmlosen Tier zur tödlichen Gefahr wurde und der heute einer Evolution ins Handwerk pfuscht, die sogar den widrigen Lebensumständen des «indogangetischen Amphitheaters» (M. S. Mani) gewachsen war.

Das Delphinarium

Aufbau der Apparatur über dem Bassin im Hirnanatomischen Institut Bern, Videokamera und Hydrophon für optische und akustische Untersuchungen. Ein Delphin kurz vor dem Blasen.

Wir haben im ersten Teil erwähnt, daß schon vor der Expedition eine genügend große Tankanlage im Untergeschoß des Hirnanatomischen Institutes eingebaut und ausgetestet wurde. In Anbetracht des uns zur Verfügung stehenden Raumes und der Körpergröße der Tiere wurde ein gummibeschichteter Stahltank von 4 × 5,25 × 1,50 Metern aufgestellt. Eine vollautomatische Filteranlage reinigt das Wasser im Dauerbetrieb. Innerhalb von zweieinhalb Tagen wird durch den dauernden Frischwasserzufluß der Beckeninhalt erneuert. Mit einer Injektorpumpe wird dem zuströmenden Wasser Luft beigemischt. Frischwasserzufuhr, stetige Belüftung und tägliche Reinigung der Beckenwände sorgen für die Sauberkeit des Wassers, das keinen Vergleich mit Trinkwasser zu scheuen hat. Wir hatten zunächst daran gedacht, das Wasser im Bassin durch entsprechende Beimengungen dem Induswasser anzugleichen, kamen jedoch dann davon ab, da uns ein annähernd keimfreies Wasser im Hinblick auf die Verfassung der Tiere doch günstiger schien. Außerdem war uns das klare Wasser wegen der besseren Beobachtungsmöglichkeiten lieber. Nach einigen Wochen konnten wir auch sicher sein, daß die Delphine sich durch die geänderten Lichtverhältnisse nicht gestört fühlten, zumal ja kein direktes Sonnenlicht einfiel. Große Sorgen bereitete uns die dem Berner Wasser eigene Gesamthärte, die etwa doppelt so groß ist wie die des Indus. Dieser beträchtliche ökologische Unterschied war jedoch zum Glück von relativ geringer Bedeutung.

Die Wassertemperatur wird konstant auf 23 bis 25 Grad Celsius gehalten, die Luftfeuchtigkeit beträgt im Raum tagsüber 60 Prozent, nachts 70 bis 90 Prozent, die Raumtemperatur ständig zwischen 20 und 24 Grad. Die Wassertemperatur im Becken entspricht der Temperatur des Indus während der Sommermonate. Im Winter kann die Flußtemperatur beträchtlich absinken und wird auch im Delphinarium entsprechend herabgesetzt. Während des Tages wird die Luft im Delphinarium durch indirekte Bestrahlung mit Ultraviolettlicht entkeimt. Auch das schien nötig, denn es wäre möglich, daß die Delphine auf bei uns vorhandene und ihnen ungewohnte Bakterien oder

Platanista indi im Delphinarium. Besonders deutlich – das Tasten mit der Flosse. Auge und Gehöröffnung sind gut zu erkennen.

Ein Objekt fällt auf die Wasseroberfläche. Prompt ortet der Delphin in Rückenlage, die Kehlenregion dem Objekt zugewandt.

Das geortete Objekt wird «studiert». Dabei umschwimmt es die Platanista, um es von allen Seiten akustisch zu erkunden.

Der Delphin schwimmt senkrecht empor zum georteten Objekt

Auch der Schnabel dient anscheinend manchmal zum taktilen Abtasten des Grundes (sog. Gründeln).

(Alle Fotos durch das Bullauge aufgenommen).

Mit einer Brustflosse tastet die Platanista den Grund entlang.

Das obere Bild zeigt das Weibchen beim Emporschwimmen zum Auftauchen. Im unteren Bild hat die Platanista soeben Luftblasen ausgestoßen, das Blasloch ist deutlich zu erkennen.

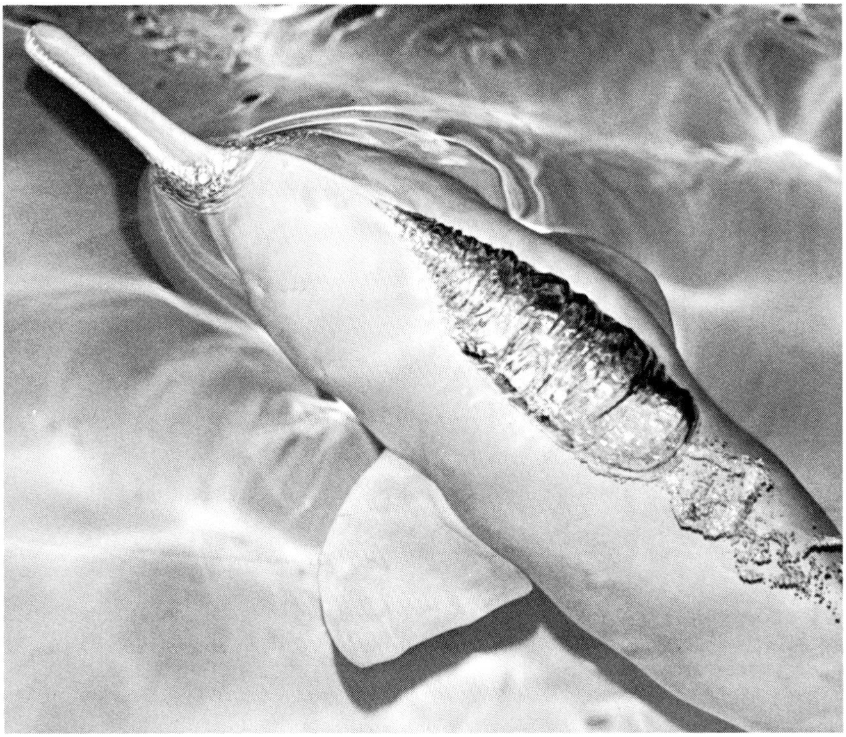

Der Flußdelphin beim Ausatmen, die Luft wird noch unter Wasser ausgestoßen.

Der gleiche Vorgang von vorne aufgenommen.

Die Platanista schnellt mit dem ganzen Kopf zum Atmen aus dem Wasser. Im unteren Bild taucht sie nach dem Einatmen weg, dabei wird die schwach entwickelte Rückenflosse sichtbar.

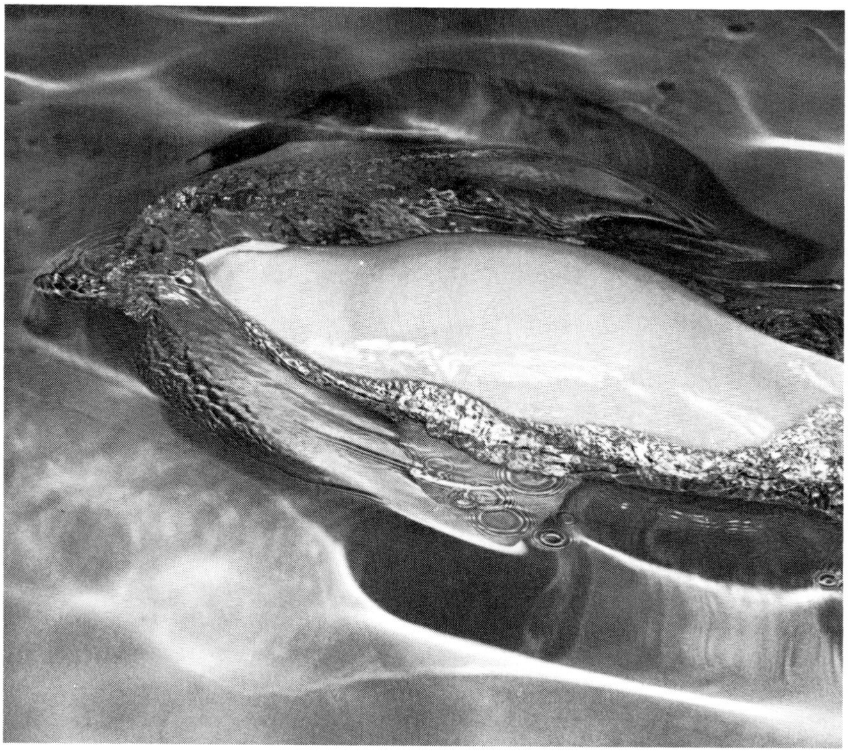

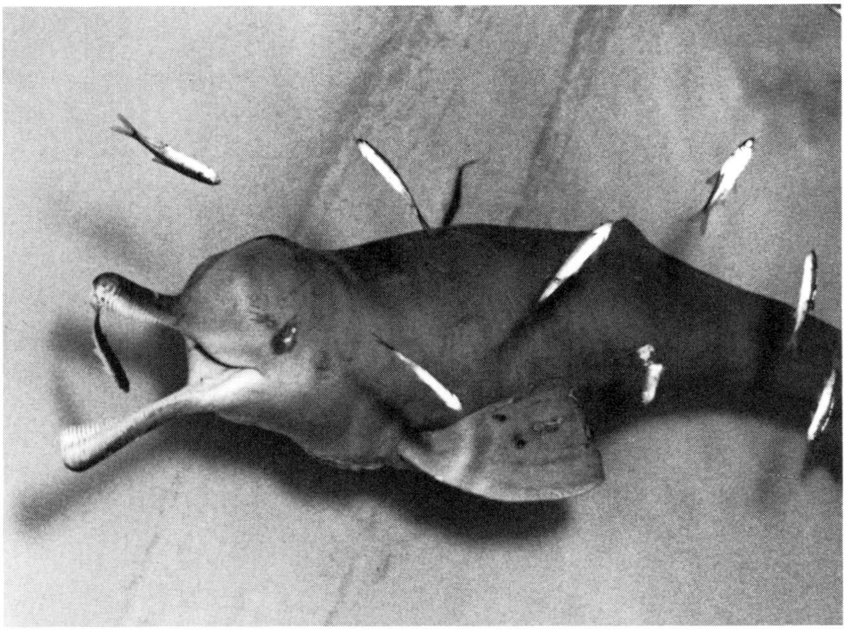

Die Platanista beim Fischfang. Auch ein an der Oberfläche schwimmender toter Fisch wird nicht verschmäht.

Handfütterung, wie sie am Anfang noch möglich war. Der Delphin nähert sich und nimmt die Nahrung ganz sacht auf. Die Kaumuskulatur ist sehr schwach ausgebildet.

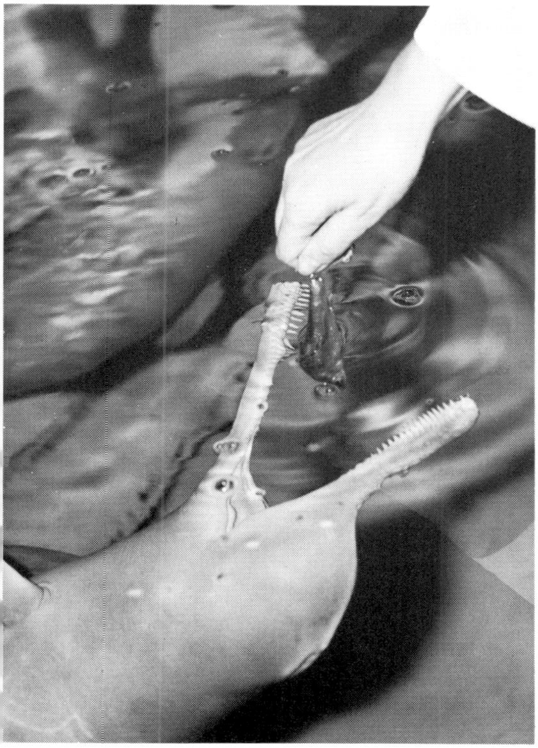

Manchmal jagt
das Männchen das
Weibchen und
versucht es zu beißen.

Gähnende Platanista.

Liebkosend streicht
das Männchen mit dem
Schnabel über den
Rücken
des Weibchens.

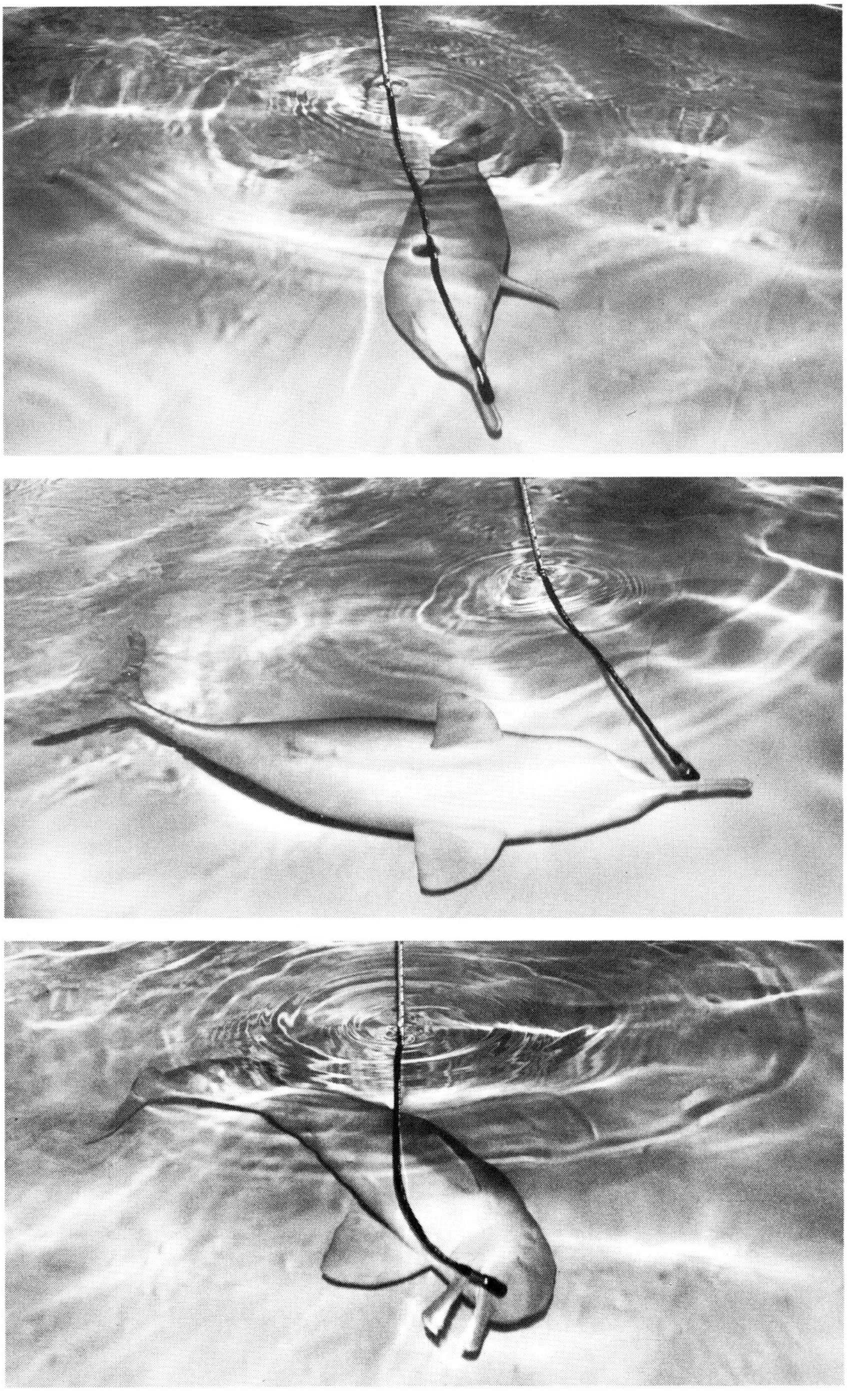

Hydrophonspiele. Das Tier läßt das Hydrophon den Schnabel entlanggleiten. Manchmal hängt das Hydrophon bis tief in den Schlund hinab.

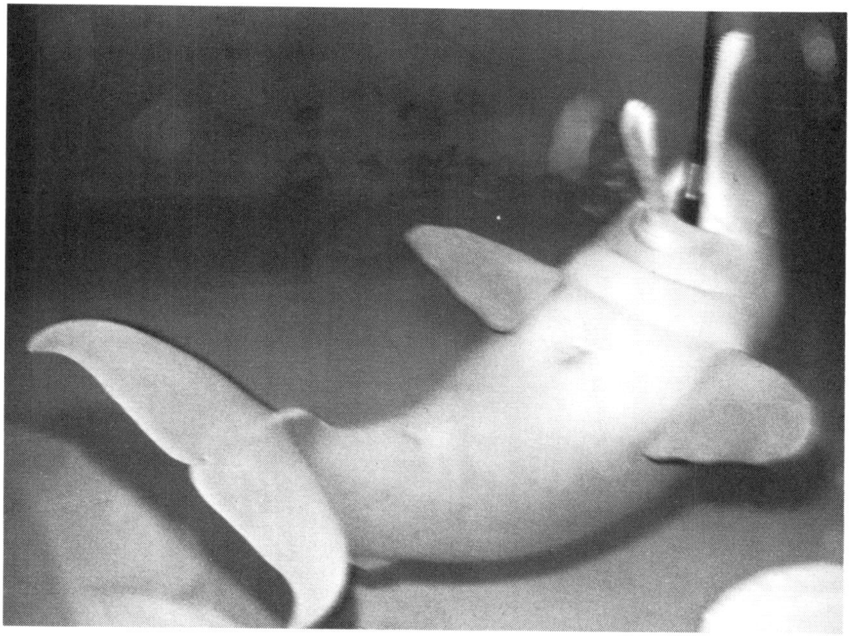

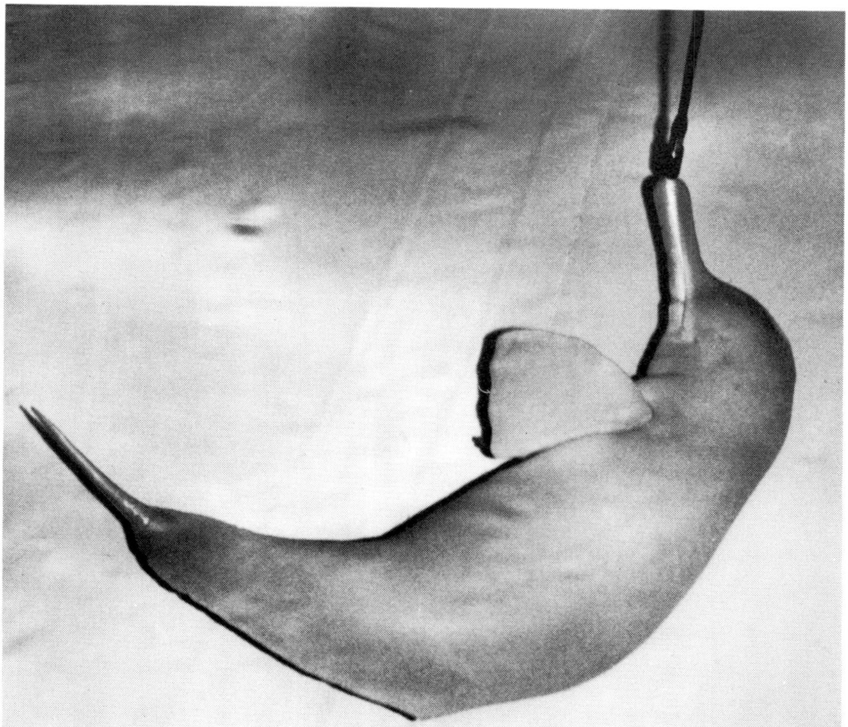

Beugebewegungen.

Pilze empfindlicher ansprechen. Darum auch sorgen Ultraviolettleuchten im Leitungssystem der Filteranlage gleichfalls für eine Wasserentkeimung.

In die Stirnwand und in eine Seitenwand des Beckens ist je ein rundes Bullauge von 45 Zentimeter Durchmesser zur Unterwasserbeobachtung eingebaut. Aus Sicherheitsgründen besteht es aus Panzerglas von 3 Zentimeter Dicke. Durch eine über die ganze Längswand oberhalb des Beckens laufende Fensterreihe mit automatischen Jalousien fällt reichlich Tageslicht ein. Um die Tiere auch abends und während der Nacht beobachten zu können, ließen wir eine aus vier Scheinwerfern zu je 1000 Watt bestehende Beleuchtungsanlage installieren, die für Filmaufnahmen auch tagsüber eingeschaltet werden kann.

Der Zugang zum Delphinarium ist durch eine Tür mit starkem Maschendraht (zwecks Luftzutritt und natürlicher Luftumwälzung) gesichert. Für eine hinreichende Zirkulation sorgen ferner noch elektrische Ventilatoren in den Fenstern.

Zur optischen Beobachtung der Tiere vom angrenzenden Laboratoriumsraum aus dienen zwei Videokameras, die wahlweise an einen entsprechenden Monitor, aber auch zu Aufnahmezwecken auf einen Videorecorder geschaltet werden können. Optische Beobachtung parallel zur akustischen ist unbedingt notwendig, um die Schallaufnahmen der Delphinlaute zu ihrem gleichzeitigen Verhalten in Beziehung setzen zu können. Dem gleichen Zweck dient auch ein normales Mikrophon, mit dem die Handlungen der Delphine auf einer eigenen Tonspur des Bandes durch Kommentar beschrieben werden.

Die akustischen Signale der Delphine werden mit einem Hydrophon – einem Unterwassermikrophon – aufgenommen, dessen Bereich 0,1 bis 200000 Hertz umfaßt. Es hat eine weitreichende Kugelcharakteristik und eine Empfindlichkeit bis –110 Dezibel bei 1 Volt/Millibar. Mit Dezibel oder dB wird die Lautstärke ausgedrückt. Im angeschlossenen akustischen Laboratoriumsraum steht der Vorverstärker, an den das Hydrophon angeschlossen ist. Dieser ist eingangsseitig in pC/g dreistellig digital und ausgangsseitig zwischen 1 mV/g und 10 V/g einstellbar. Außerdem verfügt er über einen einstellbaren Hoch- und Tiefpaß zur Begrenzung des Frequenzbandes, über Indikatoren für zu starke und zu geringe Aussteuerung – ein Klirreffekt kann ja im ultrasonischen Bereich vom menschlichen Ohr nicht wahrgenommen werden – und einen erdfreien Ausgang.

Das Tonbandgerät, auf dem die Signale der Delphine mitgeschnitten werden, hat eine Kapazität bis zu 300000 Hz, wovon eine Breite von 100000 bis 200000 Hz ausgenützt wird. Mit einem Sonographen werden die für die Untersuchungen nötigen Sonogramme festgehalten, und außerdem können an einem Oszilloskop mittels einer Sofortbildkamera die Frequenzbilder photographisch dargestellt werden. Zur Ausrüstung gehört auch noch ein Oktavfilter (elektr. Filter für akustische Untersuchungen, insbesondere zur Frequenzanalyse).

Schließlich ist noch ein zweites Tonbandgerät vorhanden. Zur Hörbarmachung der hochfrequenten Signale – gleichsam um ein «akustisches Modell» der Delphinlaute zu gewinnen – können die Mitschnitte des Hauptgerätes bei geringerer Ablaufgeschwindigkeit auf diesen Normalapparat übertragen werden. Die hohen Frequenzen werden entsprechend der Geschwindigkeitsdifferenz heruntermoduliert und können in dieser – man kann sagen maßstabgetreuen – Verzerrung vom Menschen zeitlich gedehnt abgehört werden.

Das ist in den Grundzügen die Ausrüstung, über die wir an unserem Institut verfügen. Eine Zeitlang versuchten wir eine Computeranalyse der Delphinlaute, aber außer kilometerlangen Meßstreifen kam dabei nichts heraus. Weder Ingenieure noch Mathematiker und Frequenztechniker wußten, was sie da eigentlich in den Händen hielten, denn sie konnten all die erhaltenen Daten trotz des Computers nicht analysieren. Darf ich verraten, daß wir Ärzte und Biologen uns darob ein wenig ins Fäustchen lachten? Wir hatten die Versuche mit dem Computer aus ganz einfachen logischen Gründen von Haus aus für «overdressed» gehalten und uns den Scherz erlaubt, die Computerfachleute mit ernster Miene zu bitten, einmal unsere Mittagsmenus auf ihre Schmackhaftigkeit und Bekömmlichkeit hin zu analysieren. Sie hörten die Ironie aber nicht heraus und gaben uns zur Antwort, das sei ein zu komplexes Gebiet.

Die Schwierigkeiten beim Analysieren der Delphinlaute liegen nicht in der Qualitativanalyse, um es so zu nennen, und auch nicht in der Quantitativanalyse, sondern in der Analyse selbst. Und da kann kein Computer über seinen Schatten springen, nicht einmal der Computerfachmann selber. Hier kann nur der Mensch mit der ihm vorbehaltenen Kombinatorik etwas erreichen. Wofür wir auch den Beweis liefern konnten. Denn die Computerfachleute packten ihr Gerät schließlich achselzuckend ein und überließen die Delphine wieder uns einfachen menschlichen Organismen.

Schwimmen und Tauchen

Bei unseren Indusdelphinen handelt es sich um bereits größere, jedoch noch nicht geschlechtsreife Tiere, um ein Männchen und ein Weibchen. Die Geschlechtsreife wird nach bisherigen Untersuchungen nicht vor dem 8. Lebensjahr, bei einer Körperlänge von rund 2 Metern, erreicht. Die beiden unterscheiden sich schon rein äußerlich voneinander, das Weibchen ist etwas größer als das Männchen, obwohl beide ziemlich gleichaltrig sind. Das Weibchen hat auch einen längeren Schnabel. In einem solchen Fall spricht man von Geschlechtsdimorphismus.

Auch in ihrem Verhalten unterscheiden sich Männchen und Weibchen. Das Männchen ist weitaus lebhafter als das Weibchen und paßt sich der Umgebung rascher an. Aber zugleich ist es auch nervöser und empfindlicher und reagiert heftiger auf Störungen.

Die Delphine schwimmen mit kräftigen Bewegungen des horizontalen Schwanzes, der durch die Angewohnheit des Seitenschwimmens jedoch in die Senkrechte gedreht ist. Der Körper arbeitet leicht mit. Die Brustflossen werden zum Schwimmen nicht wie bei anderen Delphinen herangezogen, höchstens zum Steuern bei Kurven und Drehungen. Hauptsächlich dienen sie aber dem Tasten, wenn die Tiere mit einer der beiden Brustflossen den Boden entlangstreichen. Getastet wird nur auf dem Grund des Beckens, nie jedoch an den Seitenwänden. Jähe Kurven an den Ecken, vor dem Auftauchen, Drehungen und Wendungen im Spiel oder beim Jagen – sei es nach Beute, sei es hinter dem Partner her – werden durch ein Abknicken des Körpers in die neue Schwimmrichtung und einen kräftigen Schwanzschlag bewältigt. Die Bewegungen verlaufen zügig und dabei harmonisch, ja geradezu elegant, auch das Auftauchen zum Atmen geht in einer ruhigen, gleichmäßigen Kurve vor sich, knapp vorher dreht sich der Delphin in die Bauchlage und zieht zur Wasseroberfläche empor, wo er Luft ausbläst und frische einzieht, worauf er wieder mit einem einzigen kräftigen Schwanzschlag untertaucht und sich seitlich dreht. Ganze Tage und auch viele Nächte saßen meine Mitarbeiter und ich neben dem Tank, um in langen Protokollen – sog. Ethogrammen – das Schwimmverhalten zu erfassen.

In den ersten Tagen der Gefangenschaft im Jahre 1970 konnten wir häufig ein Parellelschwimmen der Tiere beobachten. Abstand und Bewegungsabläufe blieben stets synchron, wie die Tiere Runde um Runde schwammen. Man könnte es am besten mit einem präzis einstudierten Paartanz vergleichen. Die Runden verliefen gegen den Uhrzeigersinn. Nach einiger Zeit, während das Weibchen nach wie vor seine gewohnten Runden schwamm, begann das Männchen allmählich eine Vorliebe zu irregulären Windungen, Achtern, Schleifen und Kreisen im Uhrzeigersinn zu entwickeln. Es schwamm abwechslungsreicher und vollführte auch häufig verschiedene Kapriolen. Das Weibchen variierte erst viel später sein Schwimmverhalten, und auch dann viel seltener als das Männchen.

Während der bisherigen Gefangenschaft der beiden gab es auch Zeiten, in denen sie permanent gegen den Uhrzeigersinn schwammen. Dann wechselte wieder das eine Tier, später das andere, oder auch beide zugleich. Einmal bevorzugte das Männchen Innenkreise, während das Weibchen außen schwamm, dann war es umgekehrt, manchmal das Weibchen über dem Männchen, manchmal das Männchen über dem Weibchen.

Als Regelmäßigkeit ließ sich feststellen, daß die Delphine von Zeit zu Zeit einen Seitenwechsel vollziehen: Eine Rundenhälfte wird in rechter, die andere in linker Seitenlage durchschwommen, wobei der Seitenwechsel etwa in der Beckenmitte durch eine rasche Rollbewegung vorgenommen wird, und zwar an ziemlich konstanter Stelle. Im ganzen läßt sich jedoch kein Bewegungsschema ableiten. Wir buchen dieses variantenreiche Schwimmen als einen gewissen Erfolg unserer Bemühungen, den Tieren eine günstige Umwelt zu bieten, denn Tiere neigen in Gefangenschaft ja bekanntlich zu Bewegungsstereotypien, wenn ihre Behausung ihren Lebensgewohnheiten nicht entspricht. Seehunde zum Beispiel schwimmen eine Runde nach der anderen fast millimetergenau ab, die Raubtiere wandern ohne Abweichung dasselbe Wegstück hin und her, streifen an eine ganz bestimmte Stelle an usw. Nicht so unsere Delphine. Sie haben freilich, etwa zum Auftauchen oder zum Wenden, ihre «Lieblingsplätze», aber sie halten sich nicht sklavisch an eine Gewohnheit.

Die zwei sind ständig in Bewegung. Das dürfte mit ihrer Anpassung an das strömende Wasser zusammenhängen. Was uns aber aufs äußerste überraschte, war, daß sie keine Schlaf- oder Rastperioden zu kennen schienen wie die Wale und Meeresdelphine, die sich im Wasser einfach hängen und treiben lassen. Unsere zwei Flußdelphine sind immer unterwegs, Tag um Tag und nun schon Jahr um Jahr. Sie kennen höchstens Zeiten weniger aktiven Schwimmens, das ist aber auch alles. Wann ruhen sie? Das schien uns ein Geheimnis. Denn daß wir es nicht mit einem lebenden Perpetuum mobile zu tun haben konnten, war ja klar. Das Rätsel sollte von uns erst später auf überraschende Art gelöst werden.

Wie Karl Zbinden genau messen konnte, variiert die Schwimmgeschwindigkeit zwischen 10 und 80 Zentimetern pro Sekunde. Die Tiere spielen oft mit dem ins Wasser hängenden Hydrophon, dabei werden sie ganz langsam. Wenn sie den Partner spielerisch jagen, aber auch beim Parallelschwimmen wird die Geschwindigkeit gesteigert. Manchmal attackieren die Tiere einander und versuchen, sich gegenseitig zu schnappen oder gar zu beißen. In solch einem Fall ebenso wie bei plötzlicher Panik kann die Geschwindigkeit bis zu 150 Zentimeter in der Sekunde betragen, desgleichen beim Nachjagen hinter der Beute. 150 Zentimeter pro Sekunde, das sind 5,4 Stundenkilometer, eine Geschwindigkeit, die weit unter der mariner Arten liegt.

Die Tauchzeiten erfuhren mit der Gewöhnung an das Becken gleichfalls eine Veränderung. In den ersten Wochen der Gefangenschaft waren sie beim Männchen etwas kürzer als beim Weibchen und ergaben eine Durchschnittszeit von 29 bis 39 Sekunden gegenüber 37 bis 52 Sekunden. Allmählich kamen die Werte des Männchens an die des Weibchens heran, der Durchschnitt betrug nun bei beiden etwa 37 bis 65 Sekunden. Und schließlich konnten wir beim Männchen Durchschnittszeiten von 47 bis 77 Sekunden messen, beim Weibchen 41 bis 77 Sekunden. Die längste Tauchzeit, die Dr. Gihr als Einzelbeobachtung wahrnehmen konnte, lag beim Männchen bei 95 Sekunden, beim Weibchen bei 84 Sekunden, die kürzeste bei 25 bzw. 17 Sekunden. Bei Meeresarten sind die Tauchzeiten viel länger, ein Pottwal bleibt fast eine Stunde unter Wasser.

Verhalten und Tauchzeit stehen in keinerlei Beziehung zueinander. Bei ruhigem Schwimmen währt das Tauchen nicht unbedingt länger als bei einer doch energieaufwendigeren Verfolgungsjagd, ja zuweilen werden die längeren Tauchzeiten in der aktiven Schwimmphase erreicht.

Das Auftauchen – stets mit Atemholen verbunden, es geschieht nur aus der Notwendigkeit des Atmens heraus – ging zu Beginn der Eingewöhnung irregulär vor sich, eben an den Stellen, an denen sich die Tiere beim Durchschwimmen ihrer Runde gerade befanden. Allmählich kristallisierten sich dann bevorzugte Stellen heraus. Das Weibchen nahm die Gewohnheit an, beim Atemholen stets in der rechten hinteren Ecke des Beckens aufzutauchen. Das Männchen jedoch hat insgesamt vier solcher Stellen. An diesen «Atemplätzen» halten die Tiere nun fest.

Als Beispiel dafür, wie wir unsere Beobachtungen auswerten, soll folgende Tabelle dienen, in welcher die durchschnittlichen Tauchzeiten festgehalten sind:

Tab. 1: Durchschnittliche Tauchzeiten (sec) von *Platanista indi* (♂ ♀) in Gefangenschaft

♂	1973 15.1.	n	20.1.	n	21.1.	n	17.2.	n	24.2.	n	8.3.	n	4.6.	n	12.6.	n	18.6.	n	29.11.	n	1974 18.1.	n	22.1.	n	24.1.	n
9.00–10.00					29,0	3			39,5	6															56,6	5
10.00–11.00					37,7	9	59,2	5	65,0	4	59,0	3			49,6	5			69,5	11	47,7	10				
11.00–12.00											55,0	2							68,3	6	55,3	3			65,0	5
14.00–15.00													53,8	5							77,0	3				
15.00–16.00	36,3	3															62,4	5			64,1	9	62,8	6	51,4	5
16.00–17.00					38,8	4													66,3	7	58,9	10			47,2	5
17.00–18.00																										
18.00–19.00			30,7	3																						
♀																										
9.00–10.00					49,0	3			42,3	7															41,8	5
10.00–11.00					37,3	8	47,3	6	53,5	4	47,8	4			56,8	5			66,2	11	48,1	10				
11.00–12.00											57,0	2							59,0	6	54,3	3			44,2	5
14.00–15.00													50,4	5							57,7	3				
15.00–16.00	52,0	2															65,6	5	51.8	9	53,4	9			48,6	5
16.00–18.00																										
18.00–19.00			45,7	3																						

Ernährung und Stoffwechsel

Um die Eigenschaften einer Tierart wie des Delphins zu ergründen, ist Kontaktnahme nötig und aufschlußreich, soweit diese eben möglich ist. Große Vorteile für die ethologische Beobachtung bietet die von Konrad Lorenz und anderen Forschern geübte Prägung auf den Menschen. Dies setzt aber die Aufzucht ganz junger Tiere voraus. Am leichtesten findet man durch die Fütterung Zugang zur Psyche des Tieres. Es ist einleuchtend, daß der Futterbringer zur wichtigen Figur im Leben des gefangenen Tieres wird, mit ihm schließt es noch am ehesten Kontakt. Allein auch hier zieht das infolge der Blindheit streng introvertierte Naturell der Flußdelphine vor allem dem Einbau bedingter Reflexe eine nicht zu überschreitende Grenze.

In den ersten Wochen der Gefangenschaft verabreichten wir unseren Delphinen Lebendfutter. Frau Dr. Gihr und Dr. Kraus setzten vor allem Weißfische *(Leuciscus leuciscus)* ins Becken, aber auch Karpfen *(Cyprinus carpio),* Forellen *(Salmo trutta)* und Schleien *(Tinca tinca).* Danach begannen wir allmählich, weil das für uns wesentlich einfacher war, zum Verfüttern toter Fische aus dem Kühlfach überzugehen. Allerdings dauerte es etwa zwei Wochen, bis wir die Delphine soweit hatten, auch die toten Fische anzunehmen. Dabei konnten wir die interessante Beobachtung machen, daß die Delphine zwar sofort wahrnahmen, wenn wir einen (toten) Futterfisch ins Becken warfen, sich jedoch gleich wieder abwandten und einen lebenden Fisch verfolgten. Sie können demnach mit ihrem Sonar ein Objekt nicht nur orten, sondern auch seinen Zustand unterscheiden. In dieser Hinsicht erlebten wir einige Überraschungen.

Unsere beiden Freunde erwiesen sich als wahre Feinschmecker, die keineswegs blindwütig alles verschlangen, was wir ihnen zuwarfen. Sie unterschieden mit größter Sicherheit zwischen den einzelnen Fischarten und wandten sich nur denen zu, die ihnen schmeckten. Das waren in erster Linie Weißfische und Schleien. Karpfen und Forellen blieben regelmäßig unbeachtet und wurden nur bei großem Hunger angenommen. Blaufelchen *(Coregonus wartmanni),* die wir eine Zeitlang zu geben versuchten, nahmen sie zwar an, erbrachen sie jedoch bald wieder in halbverdautem Zustand.

Das unglaubliche Leistungsvermögen des Sonars erwies sich auch dadurch, daß die Delphine sich nur intakten Fischen zuwandten. Wir hatten zur Belebung des Beckens ein paar Indusschildkröten ausgesetzt, die sich gleichfalls von Fischen nährten. Nun kam es öfters vor, daß ihnen ein geschnappter Fisch wieder entglitt und mit seinen Bißwunden davonschwamm. Diese Fische wurden von den Delphinen verschmäht. Des weiteren blieben auch zu weiche Fische unbeachtet. Und ausgeweidete Fische verzehrten sie erst nach einjährigem Aufenthalt und nur bei großem Hunger.

Lebendfische werden eindeutig bevorzugt. Die Schwimmblasen, Schuppen, Gräten, alle unverdaulichen Teile werden manchmal nach einiger Zeit wieder ausgespien. Zu Beginn fiel die Freßzeit in die Nachmittagsstunden, entsprechend der Zeitverschiebung zwischen den Meridianen von Europa und Pakistan, allmählich aber verlagerte sie sich in die Nacht. Sie hatten also am Anfang eine Weile die pakistanische Lokalzeit bewahrt und sich erst allmählich unserem Tag/Nacht-Ablauf angepaßt.

Ein einmal georteter Fisch wird, sollte er beim ersten Fang entglitten sein, immer wieder verfolgt. Unter den zahlreichen übrigen Fischen identifiziert der Delphin mit absoluter Sicherheit das schon einmal erhaschte Objekt. Durch leichtes Zubeißen wird der Beutefisch gelähmt oder getötet. Dann beschleunigt der Delphin seine Geschwindigkeit, um die zwischen den Kiefern gehaltene Beute nicht zu verlieren und sie rascher verschlingen zu können. Liegt der Fisch quer zum Schnabel, wird er geschickt so lange jongliert, bis er in die Längsmulde der Kiefer zu liegen kommt. So wird er schnell, mit dem Kopf voran, geschluckt. Ein Zerkauen findet nicht statt. Manchmal kommt es vor, daß der Delphin gleich nach dem Fangen eines Fisches zum Atmen auftauchen muß, dabei stellt aber das Futter im Schnabel kein Hindernis dar. Nach dem Wiedereintauchen wird die Nahrung verschlungen.

In den ersten Wochen verfütterten wir etwa 5 Gramm schwere Weißfische, später 40 bis 60 Gramm schwere, und schließlich verabreichten wir Fische im Gewicht von je 100 bis 140 Gramm. Die durchschnittliche Futtermenge betrug anfänglich nicht ganz 500 Gramm täglich je Delphin, sie stieg hernach auf etwa 800 Gramm und pegelte sich bei einem Tagesdurchschnitt von 600 bis 1000 Gramm pro Tier ein. Vereinzelt nahm ein Delphin auch bis zu 1600 Gramm zu sich. Die tägliche Nahrungsmenge entspricht durchaus der von Meeresarten. Merkliche Unregelmäßigkeiten in der Freßlust sind zweifellos auch auf meteorologische Einflüsse zurückzuführen. Jede Wetteränderung setzt die Freßlust herab, vor allem aber ein Wechsel von schönem zu kühlem Wetter, von einem Hoch zu einem Tief und auch die Ablösung einer Föhnlage durch einen Kaltlufteinbruch. Desgleichen bewirkt ein Gewitter eine eindeutige Appetitminderung. Demnach sind also nicht nur Menschen wetterfühlig.

Auch künstliche Eingriffe in den Lebensraum lösen nachteilige Reaktionen im Befinden der Delphine aus. Störungen durch Experimente, zu lange und zu intensive Beleuchtung, das Einbringen größerer Tiere ins Becken – etwa des *Trionyx gangeticus* (Weichpanzerschildkröte) – ziehen sofort Freßunlust nach sich. Am meisten aber waren die Tiere irritiert, als wir für sechs Tage ein dunkles Tuch über eine Beckenhälfte spannten, um das Tageslicht abzuhalten. Anscheinend brachte dies über den rudimentierten optischen Sinn den Tag-Nacht-Rhythmus der Delphine durcheinander, ihre Freßlust sank rapid. Betrug die tägliche Futterrate zu Beginn des Experimentes durchschnittlich etwa 800 Gramm für ein Tier, so nahm es am sechsten Tag, bevor wir das Tuch wieder entfernten, nur noch etwa 170 Gramm Nahrung zu sich. Diese interessante Beobachtung verdanke ich Frau Dr. Gihr.

Nach fünf Wochen Eingewöhnungszeit machten wir mit den damals noch sehr jungen Tieren einen Versuch, sie an die Fütterung mit der Hand zu gewöhnen, um so mit ihnen in Kontakt zu kommen. Zur gewohnten Zeit wurde ein etwa 60 Gramm schwerer Weißfisch ins Wasser getaucht und ganz ruhig gehalten. Das kleinere Männchen ortete ihn, peilte ihn an, umkreiste ihn. Schließlich schwamm es rasch heran, schnappte zu und tauchte mit dem Fisch weg. Bald darauf machte es ihm das Weibchen nach, und beim ersten Mal konnten wir auf diese Weise gleich zehn Fische verfüttern, wobei pro Minute zwei bis drei Fische geschnappt wurden. Später gingen wir dazu über, während der Handfütterung zusätzlich noch Nahrung ins Wasser zu werfen. Wir fühlten uns gleichsam geschmeichelt, als die beiden Delphine dennoch die Handfütterung bevorzugten. Zuweilen verjagten die beiden einander sogar, weil jeder zuerst zu der mit der Hand angebotenen Nahrung gelangen wollte.

Leider war das nur von kurzer Dauer. Das Weibchen hatte eine nur langsam heilende Schnabelwunde, die wir mit einer Salbe behandeln wollten. Ich stieg in das Becken, um den Delphin beim Auftauchen einzufangen. Dadurch geriet nun das Männchen derart in Panik, daß es seine Schwimmgeschwindigkeit immer mehr beschleunigte, bis wir eine Kollision oder gar einen Kollaps befürchteten. So sahen wir vom Einfangen des Weibchens wieder ab. Und von diesem Moment an war eine Handfütterung trotz unseres Bemühens nicht mehr möglich. Kaum tauchten wir einen Futterfisch ins Wasser, geriet das Männchen in Aufregung und verfiel in panikartiges Schwimmen. Das Weibchen, das den Fisch zunächst noch anpeilte und schnappen wollte, wurde von der Panikstimmung des Partners zusehends mitgerissen und begann ebenso vehement seine Kreise zu ziehen – was im freien Gewässer des Indus wohl Flucht bedeutet hätte. Der angebotene Fisch wurde nicht mehr beachtet.

Seither ist es uns nicht mehr gelungen, das Zutrauen der Tiere wiederzugewinnen. So hat uns dieser Versuch den Delphinen keinen Schritt nähergebracht. Eines konnten wir allerdings feststellen: daß die Delphine über ein ausgezeichnetes Gedächtnis verfügen müssen, wenn sich dem Männchen diese einmal aufgetretene Störung dermaßen einprägen konnte. Und auch, daß sich die Panik infolge der geänderten Motorik im Verhalten des Partners dem Weibchen mitgeteilt haben muß.

Der Stoffwechsel geht bei den Tieren völlig regelmäßig vor sich. Eine Kotabgabe findet morgens zwischen 8 und 9 Uhr statt, eine zweite nachmittags zwischen 15 und 18 Uhr. Oftmals biegen die Tiere dabei den Rumpf durch und strecken sich wieder, bis die Exkremente ausgestoßen sind, was 3 bis 5 Sekunden dauert. Die Schwimmgeschwindigkeit wird dabei reduziert, und die Tiere verhalten auf dem Bauch oder seitlich. Bei Urinabgabe färbt sich das umgebende Wasser intensiv gelb, und über dem Becken wird ein penetranter Geruch spürbar, der sich jedoch vom Fäkaliengeruch und dem ebenfalls typischen Bhulangeruch unterscheidet. Allerdings verschwindet er sehr bald wieder.

Besonders im jugendlichen Alter, aber auch später, neigen die Delphine zu Koprophilie und Koprophagie, d. h. sie spielen mit dem Kot und fressen ihn zum Teil auch. Und nicht nur den eigenen, sondern auch den des Partners. Es kann nicht entschieden werden, ob es sich hierbei um eine Entartungserscheinung infolge der Gefangenschaft handelt oder ob Tiere in Freiheit sich ebenso verhalten, da, wie ja berichtet, die Wassertrübung im Indus und Brahmaputra keine Beobachtung zuläßt.

Spezielle Verhaltensformen und Spiele

Eine Merkwürdigkeit im Verhalten der Flußdelphine ist eine Art Gähnen. Dabei wird der Schnabel bis an die Grenze des Möglichen aufgesperrt, so daß der Rachen und die tieferliegende breite Zunge sichtbar werden. Das Gähnen tritt nicht nur während der Zeit des ruhigen Schwimmens auf, wir konnten es auch während der Aktivperiode beobachten. Der ganze Vorgang dauert 5 bis 6 Sekunden und kann sich mehrere Male kurz hintereinander wiederholen. Es handelt sich dabei bestimmt nicht um einen atmungsbedingten Reflex, worauf das Gähnen der Säugetiere im allgemeinen zurückzuführen ist. Die Delphine stoßen beim Gähnen ja keine Luft aus, und das Gähnen findet andererseits auch nie beim Auftauchen statt. Wir konnten bis jetzt noch nicht klären, welche Bewandtnis es damit hat.

Bei erhöhter Aktivität und bei Panikverhalten verfallen die Delphine meistens ins Parallelschwimmen. Aber auch beim normalen Kreisen stimmen die Tiere das Schwimmverhalten aufeinander ab, wie über einen längeren Zeitraum hinweg überhaupt eine gewisse Zuordnung der Partner zueinander auftritt. Wie erwähnt, schwimmt manchmal das eine Tier an der Außenbahn etwas höher vor seinem Partner einher, ein andermal ist es umgekehrt. Welches der beiden Tiere «führt» – das vorne und höher oder das hinten und niedriger schwimmende –, ist nicht zu entscheiden.

Manchmal setzt plötzlich ohne jeden äußerlich erkennbaren Grund eine «wilde Jagd» auf den Partner ein. Er wird von hinten verfolgt. Der Verfolger versucht zuweilen, den Partner in die Flanke, in die Brust- oder Schwanzflosse zu beißen. Rasch jedoch werden die Rollen vertauscht, und der Verfolgte wird zum Verfolger. Wir konnten feststellen, daß es sich dabei zumindest mitunter um ein Sichbehaupten gegenüber dem Mitbewohner handelt. Etwa wenn eines der beiden Tiere mit dem Hydrophon spielt und das zweite es daran zu hindern sucht. Auch während der Anfang April einsetzenden Balzzeit tritt dieses Herumjagen auf, wenngleich die Tiere noch nicht geschlechtsreif sind. Während der Balz ist allerdings nur das Männchen der jagende Teil. Es tummelt sich im Zentrum des Beckens, dreht sich in Richtung des Weibchens, schwimmt ihm nach und treibt es mit dem Schnabel von unten vor sich her. Entgegen seiner sonstigen Gewohnheit hält sich das Weibchen nahe der Wasseroberfläche. Wird es vom Männchen zu arg bedrängt, bremst es plötzlich, wirft sich herum und schwimmt in entgegengesetzter Richtung davon. Oft wird das Weibchen durch einen plötzlichen Angriff erschreckt, dann taucht es blitzschnell empor, das Männchen stößt dabei von unten nach und versucht es zu beißen. Besonders heftig verlaufen diese Kämpfe während der Nacht. Nicht selten konnten wir morgens an der rechten Brustflosse, an der rechten Flanke, aber auch an der vorderen und hinteren Kopfpartie des Weibchens bogenförmige Kratzspuren entdecken, die von den Zahnreihen des Männchens stammten.

Dabei war es anfänglich gerade umgekehrt. Da war durchweg das Weibchen der aggressivere Teil, trieb das Männchen vor sich her, ja schwamm sogar unter ihm durch und zwang es zum Auftauchen.

Neben diesem angriffslustigen Verhalten gegenüber seinem Artgenossen konnten wir auch ausgesprochen freundschaftliche, wenn nicht sogar liebevolle Gebärden wahrnehmen. So ist durchaus an eine Art Beschwichtigungs- oder Unterwerfungsgebärde zu denken, wenn das Männchen mit dem Rumpf oder der Schwanzflosse geradezu zärtlich über die Flanke des Weibchens streicht, das dabei stillhält. Bisweilen berührt ein Tier mit dem Schnabel sacht die Flossen des Partners oder streichelt dessen Flanke, wobei die Kiefer mehrmals auf- und zugeklappt werden. Zuweilen suchen die Delphine innigeren Körperkontakt und schmiegen die Flanken aneinander.

Einen angenehmen Kontakt mit der Umwelt stellt für die Tiere zweifellos auch das Spielen mit dem ins Wasser hinabhängenden Hydrophon dar. Immer wieder schwimmen sie langsam daran vorbei und lassen es nahezu genüßlich über Kopf und Rumpf gleiten, berühren es vorsichtig mit der Schnabelspitze und führen es den Schnabel entlang. Zuletzt versetzen sie ihm noch einen Schlag mit der Schwanzflosse und schwimmen davon. Nicht selten wird, wie erwähnt, der Partner, der gleichfalls spielen möchte, mit Gewalt verdrängt. Die Delphine nehmen das Hydrophon auch mit Vorliebe in den weit geöffneten Schnabel und lassen es sich in den Rachen baumeln. Dies sind übrigens die einzigen Momente, in denen die Tiere – das Hydrophon tief in der Kehle – für Sekunden reglos an Ort und Stelle verharren. Ansonsten ziehen sie unermüdlich, Tag und Nacht, ihre Kreise.

Am auffälligsten aber sind die bereits beschriebenen, meist während des Ausstoßens der Exkremente auftretenden wellenförmigen Preßbewegungen. In Bauch-, Rücken- oder Seitenlage drückt der Delphin den Vorderleib an den Beckenboden und reckt den Hinterleib steil nach oben. Dann richtet er den Vorderleib auf und läßt den Rumpf abrollen. Dies wird mehrmals wiederholt, wodurch eine eigenartige wellenförmige Fortbewegung entsteht.

Beuge- und Streckbewegungen werden während der Phase des ruhigeren Schwimmens, aber auch während des Kotausscheidens ausgeführt. Das Tier krümmt sich nach vorne zusammen, streckt sich gleich darauf wieder stark durch und beugt den Kopf weit nach hinten zurück.

Typisch ist die Bewegung kurz vor dem Auftauchen, wenn der Delphin plötzlich mit der Unterseite des Kopfes und der Brust über den Beckenboden streift und dann zum Atemholen mit raschem Schwung an die Oberfläche steigt. Zuweilen gleitet er in Rückenlage über den Boden, bevor er, gleichfalls rasch, wieder aufsteigt.

Häufig reiben die Tiere den Rücken oder die Unterseite des Kopfes auf dem Boden. Manchmal vollführen sie eine Art «Gründeln», wenn sie, den Kopf nach unten und mit steil aufgerichtetem Schwanz, kleine Nahrungsteile vom Boden aufzupicken versuchen. Eher dem Spielverhalten dürfte zuzuordnen sein, daß sie Luftblasen ausstoßen, ihnen nachschwimmen und sie wieder einzufangen versuchen – es können auch Luftblasen sein, die vom Partner stammen. Winzige Objekte an der Oberfläche werden geortet und gejagt. Mitunter stößt ein Tier senkrecht nach oben, um mit weit aufgesperrtem Schnabel nach einer Partikel zu haschen. Aber auch ohne erkennbaren Grund «sticht» es bisweilen senkrecht aus dem Wasser und verharrt mit heftigem Schwänzeln für ein paar Sekunden. Mehrere Male verfiel ein Delphin in eine Art «Klappern»: Er richtete sich senkrecht über die Oberfläche empor, klappte den Schnabel rasch auf und zu und verharrte so gleichfalls ein paar Sekunden. Es kam auch vor, daß ein Tier mit dem Schnabel die Wasseroberfläche schlug, wobei kurz nachher stets ein intensiver Geruch wahrzunehmen war; es könnte sich dabei um eine Art Rülpsen handeln.

Das Spielverhalten war zu Beginn der Gefangenschaft, als die Tiere noch jünger waren, ausgeprägter. Damals benützten sie als Spielobjekte auch noch einen großen oder einen kleinen Ball, ein knochenähnliches Plastikstück oder einen Wurfring. Der ins Wasser geworfene Gegenstand wurde geortet, angepeilt und spielerisch attackiert. Je nach Laune der Tiere dauerte das Spiel ein paar Sekunden, oft aber auch mehrere Stunden. Dabei schien der Erregungsgrad im umgekehrten Verhältnis zur Größe des Spielobjektes zu stehen. Ein kleiner Tennisball oder ein Faden mit einer Bleikugel von 4 Millimeter Durchmesser rief z. B. eine weitaus größere Aufregung hervor als ein umfangreicher, an der Oberfläche treibender Gummiball. Der Plastikknochen wurde längere Zeit umschwommen, bei einer Kollision erschrak das Tier sichtlich und flüchtete spontan.

Wurde ein bisher fremder Gegenstand ins Wasser gehängt, so orteten ihn die Tiere und zogen aufgeregt und vorsichtig große Kreise um ihn herum. Allmählich wurden die Kreise enger, schließlich wagten sich die Delphine am Gegenstand vorbei oder unter ihm durch und schnappten mit aufgesperrtem Schnabel zu.

Aber bereits nach einigen Monaten ließ die Spielfreudigkeit nach, einzig das Hydrophon ist nach wie vor beliebt. Das sollte, wie man noch sehen wird, unseren Untersuchungen des Sonars zustatten kommen.

Wenn uns Menschen auch noch vieles am Verhalten dieser eigenartigen Tiere unerklärlich ist, so können wir doch ruhigen Gewissens sagen, daß sie sich in unserer Pflege wohl fühlen. Ihre Lebhaftigkeit und ihr abwechslungsreiches Verhalten beweisen dies zur Genüge. Und das ist, wenn man bedenkt, daß es sich um die ersten jemals in Gefangenschaft gehaltenen Tiere dieser Art handelt, weit mehr, als wir zu hoffen gewagt hatten. Und noch etwas: Schon die geringste unserer Beobachtungen stellt einen Schritt in zoologisches Neuland dar. Zwar nicht zu vergleichen mit jenem berühmten ersten Schritt auf dem Mond, aber immerhin…

Der Indusdelphin – ein Ökonom des Schlafs

Wir konnten bereits feststellen, daß die Platanista ein Dauerschwimmer ist. Vielleicht ist darin eine Anpassung an die Strömungsverhältnisse der indopakistanischen Flüsse zu sehen. Bei einer Strömungsgeschwindigkeit von 35 Stundenkilometern, wie sie etwa der Brahmaputra in der Monsunzeit aufweist, wäre ein längerdauernder Schlaf unter Umständen verhängnisvoll. Infolge seiner Größe dürfte es dem Tier auch schwerfallen, für die Schlafperiode einen Unterschlupf zu finden, der die Möglichkeit automatischen Auftauchens für die Atmung gewährleistet. Jedenfalls sind die typischen Schlafstellungen und eine längerdauernde Bewegungsruhe, wie sie bei den Meeresdelphinen oder beim Amazonasdelphin auftreten, bei der Platanista nicht wahrzunehmen.

Aber ist es möglich, daß ein Lebewesen ohne Schlaf auskommen kann, ohne Ruhe und Erholungspausen?

Nun ist der Schlaf ein ganz besonderes physiologisches Phänomen. Beim erwachsenen Menschen etwa ergeben sich innerhalb von 24 Stunden Schwankungen zwischen 5 und 10 Stunden, errechnet man aber über einen längeren Zeitraum einen Mittelwert, so beträgt dieser ziemlich konstant 7 bis 8 Stunden, wobei es keine Rolle spielt, ob etwa in Polargebieten der Tagundnachtwechsel wegfällt oder ob die Schlafenszeiten durch äußere Einflüsse auf verschiedene Perioden unregelmäßig verteilt sind. Der Durchschnitt von 7 bis 8 Stunden bleibt konstant.

Es bestehen aber vor allem hinsichtlich der Schlafdauer, der Schlaftiefe und des Schlafrhythmus große Unterschiede zwischen den verschiedenen Tierarten. Beim Menschen ist schon der Säugling anderen Schlafgesetzen unterworfen als der Erwachsene. Er schläft polyphasisch, d. h. öfter und jeweils kürzer. Den langen, sogenannten monophasischen Nachtschlaf muß er bekanntlich erst «erlernen». Bei den meisten Säugern ist nun eine Verteilung des Schlafes auf diese polyphasischen Perioden zu bemerken. Außerordentlich kurz sind diese bei den Wiederkäuern: Ein typisches Tiefschlafverhalten kann man bei ihnen nur für wenige Minuten täglich beobachten; es tritt dann ein, wenn sie beim Ruhen auch den Kopf auflegen.

Mit einem elektrischen Gehirnwellenschreiber, also encephalographisch, wurde bei Kühen und Ziegen dieser Tiefschlaf gemessen, und er zeigt dasselbe Bild wie das Traumstadium des menschlichen Schlafes. Bei Giraffen etwa wurde während des Nachtschlafes nur eine rund 20 Minuten dauernde Tiefschlafperiode registriert. Ein Ausgleich ist aber dadurch gegeben, daß diese Tiere täglich mehrere Stunden während des Wiederkäuens völlig ruhig daliegen. Das Encephalogramm zeigt während dieser Zeit eine Verlangsamung der Gehirnwellen, die verschiedenen Stadien seichteren Schlafes beim Menschen entspricht.

Der Entdecker der europäischen Schlafkrankheit, *Encephalitis lethargica,* der Wiener Neurologe Constantin von Economo, prägte im Zusammenhang mit dieser Krankheit die Begriffe des Hirnschlafes und des Körperschlafes. Er konnte nachweisen, daß das Gehirn ungeachtet einer weiterlaufenden Körpermotorik in ein Stadium des Schlafes eintreten kann. Es ist beispielsweise bekannt, daß Soldaten auf langen Märschen in Schlaf verfallen, ohne mit dem Marschieren aufzuhören. Bewußtseinstrübungen, Absenzen, Erinnerungslücken treten auf, die Umgebung wird nicht mehr wahrgenommen, aber der Körper marschiert weiter, und soll das Weitermarschieren unterbrochen werden, muß der Marschierende effektiv wachgerüttelt werden.

Ohne weiteres wäre es möglich, daß dieser beim Menschen durch Übermüdung auftretende Zustand oder jene von der *Encephalitis lethargica* hervorgerufene und ausgesprochen pathologische Erscheinung bei der Platanista physiologisch verankert ist.

Wann und wie schlafen die Flußdelphine, die ja immer schwimmen und immer in Bewegung sein müssen?

Zur Beantwortung dieser Frage muß etwas vorgegriffen werden, und zwar auf das Kapitel des Sonars, das wegen seiner Wichtigkeit noch ausführlich zu behandeln sein wird. Wiederholt wurde schon erwähnt, daß sich die Flußdelphine mittels Ultraschall orientieren. In Form kurzer Ultraschallaute, der *Clicks,* wie man in der Fachsprache sagt und von denen später noch die Rede sein wird, senden sie Signale aus, und aufgrund der wiederkehrenden Echos machen sie sich ein «akustisches Bild» ihrer Umwelt. Als wir unsere Untersuchungen mit den Schallapparaturen begannen, ergab sich, daß sich die akustische Tätigkeit der Flußdelphine gleich ihrem Dauerschwimmen rund um die Uhr erstreckt.

Mit merkwürdigen Ausnahmen. Das Oszilloskop zeigte häufige Unterbrechungen, «Sendepausen» an, die oft weniger als eine Sekunde, höchstens aber etwa acht Sekunden währten. Der Pegelzeiger des Amplitudenschreibers sank plötzlich auf die Nullinie ab und blieb dort stehen, um danach ebenso plötzlich wieder steil anzusteigen und die neuerlich ausgestoßenen Delphinclicks zu registrieren. Wir zählten wochenlang die Sekunden der Sendepausen während einiger 24-Stunden-Perioden zusammen... und kamen auf einen Mittelwert von 7 bis 8 Stunden, was der durchschnittlichen Schlafdauer der Säugetiere entspricht.

Die Platanista hat also in Anpassung an ihre Umweltbedingungen in den indopakistanischen Strömen die kürzeste Schlafperiode aller Säugetiere! Wissenschaftlich ausgedrückt: Ihr Verhalten ist durch einen polyphasischen Mikroschlaf gekennzeichnet.

Um zu prüfen, ob es sich tatsächlich so verhält – der Forscher hat Ergebnissen gegenüber immer mißtrauisch zu sein –, haben wir genaue Tests vorgenommen. Da das Sonarfeld der Platanista direkt nach vorn gerichtet ist, mußten wir klären, ob das Verstummen der

Meßstreifen des Pegelschreibers. Die akustische Aktivität der Platanista. Bei P sind die Schlafpausen. 1 cm ist 1 Sekunde, die Höheneinteilung gibt die Lautstärke wieder.

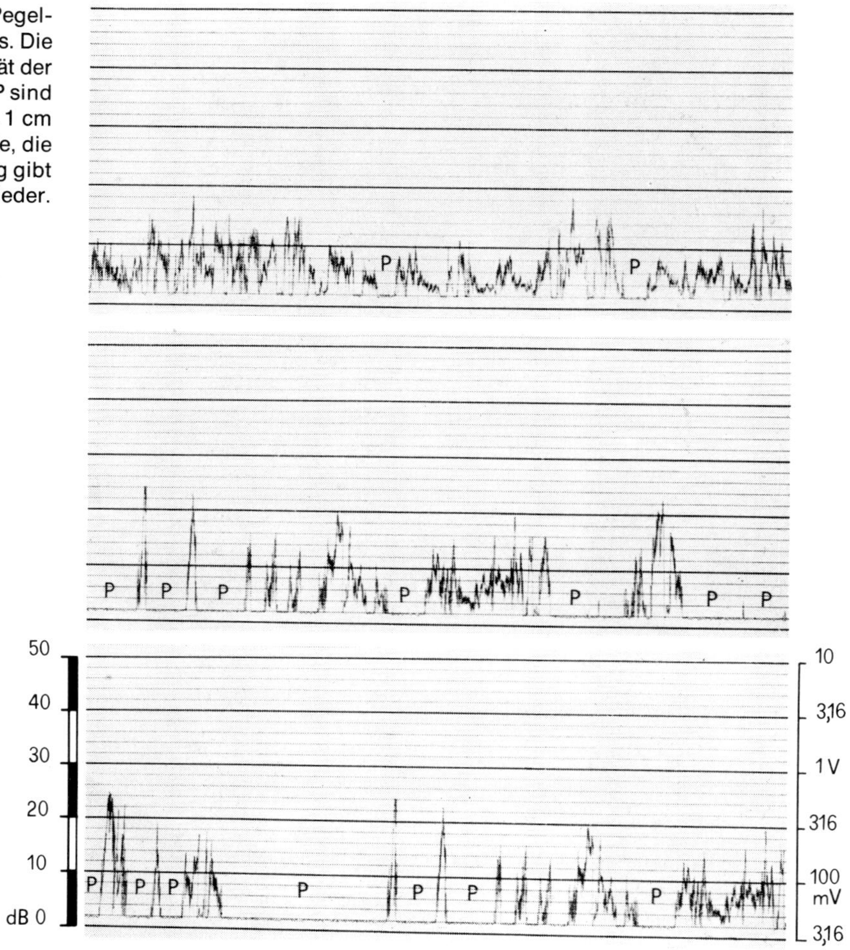

Clicks nicht etwa durch das Wegschwimmen vom Hydrophon bedingt ist. Karl Zbinden, unser Elektronikspezialist, brachte am Pegeldiagramm eine Markierung an, wenn die Tiere in Richtung Hydrophon schwammen, und eine zweite, wenn sie wieder umkehrten. Dabei trafen die Sendepausen beider Tiere oftmals innerhalb der Markierungen zusammen. Damit war der eindeutige Beweis für das tatsächliche Auftreten der Sendepausen erbracht. Weiter konnten wir feststellen, daß, wenn die Tiere den Kopf abwandten, der Pegel des Schreibers wohl reduziert war, sich jedoch dessenungeachtet Clicks mit Echocharakter identifizieren ließen. Insgesamt traten von 68 gezählten Sendepausen 36 dann ein, wenn beide Delphine zum Hydrophon ausgerichtet waren.

Während der Sendepause schwimmt das Tier weiter, manchmal ein wenig langsamer, manchmal läßt es sich auch für ein paar Sekunden vom eigenen Schwung einfach weitertreiben, ohne mit dem Schwanz nachzuhelfen. Ein Stillstand ist nie zu beobachten. Und umgekehrt: Die Sendepausen, also die Perioden des Mikroschlafes, treten, wenn auch in diesem Fall von kürzerer Dauer, beim Nehmen einer Kurve genauso auf wie beim Geradeausschwimmen, ja sogar während des panikbedingten Schnellschwimmens verstummt das Sonar zeitweise. Das Tier schläft seinen Mikroschlaf. Wenn wir es während einer solchen Sendepause durch ein plötzliches Geräusch weckten, setzten die Clicks sofort wieder ein.

Es war für uns stets faszinierend, das einwandfreie Weiterschwimmen auch zu Beginn und während des Schlafes registrieren zu können. Der Delphin schwimmt auf die Beckenwand zu, wird – wie der Pegelzeiger genau erkennen läßt – knapp davor von seiner Schlafperiode überrascht, zieht aber dennoch die Kurve so perfekt, als ob er die Wand soeben mit dem Sonar geortet hätte. Mit schlafwandlerischer Sicherheit!

Hier muß meines Erachtens nun ein zusätzlicher Orientierungsmechanismus einsetzen, der das Tier davor bewahrt, sich im Schlaf durch einen Anprall zu verletzen. Es ist nicht anzunehmen, daß es sich dabei um eine andersartige Sinneswahrnehmung handelt, hervorgerufen etwa durch eine Druckempfindlichkeit der Haut, welche auf die infolge des Schwimmens in Richtung Beckenwand geänderten Druckverhältnisse im Wasser ansprechen und somit die Annäherung signalisieren könnte. So wie beispielsweise Blinde verschiedentlich Distanzen durch Druckempfindungen an Stirn und Wange abschätzen können, eine Fähigkeit, die man Ferntasten nennt. Viel wahrscheinlicher ist, daß der Delphin bereits vor Einsetzen der Sendepause die Umgebung engrammiert, sich eingeprägt hat und mit Hilfe eines gewissermaßen motorischen Gedächtnisses seine der Umgebung entsprechende Bahn weiterzieht. Oder es handelt sich –

was aber praktisch auf dasselbe hinausläuft – um eine Gewöhnung an die Beckenform.

Wegen des Dauerschwimmens ist es unmöglich, die Perioden der Inaktivität direkt festzustellen. Es sei denn, man applizierte den Tieren durch das Schädeldach hindurch Gehirnsonden, wie es einige amerikanische Forscher bei Meeresdelphinen getan haben. Angeblich spüren die Tiere gar nichts davon. Wie wäre es, wenn sich diese Herren Forscher selbst einmal Gehirnsonden applizierten und uns dann ihre Empfindungen verrieten?! Aber das nur nebenbei, für uns kam eine solche Untersuchungsmethode nicht in Frage, denn uns drehte schon der Gedanke daran den Magen um. So konnten wir die motorische Aktivität zwar nur über die Signale des Sonars bestimmen, hatten dafür aber ein reines Gewissen. Wir glauben auch, daß die Ergebnisse, die wir ermittelten, durchaus exakt sind. Wir legten eine entsprechende mittlere Pegelhöhe fest und zählten die Spitzen, die darüber hinausgingen. Gleichzeitig registrierten wir tagelang Anzahl und Dauer der Sendepausen.

Dabei mußten wir beachten, daß die Pegelhöhe durch die Ausrichtung der Tiere gegenüber dem Hydrophon beeinflußt wird und daß Echos nur Bruchteile eines Direktsignals aufzeichnen. Außerdem ist die Anzahl der Pegelspitzen davon abhängig, ob beide Tiere senden oder nicht. So können solche Aufzeichnungen einen statistischen Querschnitt über einen längeren Zeitraum hinweg bieten – nicht mehr, doch genügt das für unseren Zweck.

Diese Untersuchung ergibt folgendes Bild: Es sind zwei Zeitspannen ausgeprägt niedriger Schwimmaktivität vorhanden. Die erste erstreckt sich von 24 Uhr bis 8 Uhr morgens, die zweite hebt nach 10 Uhr vormittags an und dauert meistens bis gegen 17 Uhr. Am Abend steigt die Schwimmaktivität an, und nachts während der Freßperiode ist sie fast doppelt so hoch wie tagsüber.

Weiter zeichnet sich ein rasch wechselnder Rhythmus von aktiven und ruhigen Phasen ab, die in Intervallen zwischen 2 und 15 Minuten auftreten. Die aktiven Phasen sind kürzer als die ruhigen, sie dauern zwischen 5 und 10 Minuten. Langsames Schwimmen ist stets mit vielen und langdauernden Sendepausen verbunden. Zusammenfassend kann man sagen: Hohe motorische Aktivität äußert sich in raschem, regelmäßigem Schwimmen, wobei die früher erwähnten Verhaltensmuster wie Gähnen, Sichtreibenlassen, Reiben und Strekken sehr selten auftreten. Akustisch zeichnen sich diese Phasen durch unentwegtes Senden mit wenigen und kurzen Pausen ab. In den Ruhepausen treten die genannten Verhaltensweisen häufig auf, die Sendepausen sind lang und zahlreich.

Das geheime Sexualleben der Flußdelphine...

...ein Titel, der – so könnte man meinen – pikante Enthüllungen verheißt. Aber leider ist es im Falle der Flußdelphine so, daß der Titel selbst schon alles enthält, was er verspricht. Das Geheimnis wird nicht preisgegeben. Denn sowohl Sexualverhalten als auch Vermehrung und Aufzucht der Platanista gehen infolge der leidigen Trübung ihrer heimatlichen Gewässer streng im verborgenen vor sich. Die Natur hat den Schleier der Züchtigkeit darübergebreitet. Und ist die Beobachtung in Freiheit unmöglich, so sind unsere gefangenen Exemplare noch nicht geschlechtsreif. Wir wissen auch gar nicht, ob sie in der Gefangenschaft je die Lust zum Kopulieren verspüren, sich jemals vermehren werden. Man denke an die vielen vergeblichen Versuche, die wenigen Pandabären in den Zoos der Welt zur Fortpflanzung zu ermuntern. Gefährtinnen werden unter beträchtlichen Kosten per Flugzeug herbeigeschafft oder die Männchen zu den Weibchen gebracht – und alles umsonst, «Love's Labor's Lost», verlorene Liebesmüh, Romeo und Julia sprechen aufeinander nicht an. Anscheinend stimmen die in den Zoos herrschenden Umweltverhältnisse nicht.

Wir können nur hoffen, daß es uns gelingen wird, unsere gefangenen Delphine weiterzuzüchten und damit auch Aufschluß über ihre Vermehrung zu erhalten.

Vorerst aber müssen wir uns mit den bis jetzt vorliegenden Beobachtungen begnügen, die höchst spärlich sind. Es kommen noch einzelne Angaben hinzu, die jedoch, weil wissenschaftlich nicht verbürgt, unter Umständen mit Vorsicht zu genießen sind.

Jedenfalls hängt der Zyklus Paarung–Geburt von den Jahreszeiten des indopakistanischen Subkontinents ab, die durch den Monsun geprägt sind, der regelmäßig im Frühjahr Regen bringt. Dann schwellen die Flüsse rasend schnell an, und die Delphine wandern vom Hauptstrom in die Nebenflüsse ab. Dies ist eine Tatsache, die wir bei mehreren Aufenthalten am Brahmaputra bestätigt fanden. Wie die Dinge am Indus liegen, ist bis jetzt nicht bekannt, da wir nur die Strecke zwischen den Staudämmen von Sukkur und Guddu untersucht haben.

Der Monsun, dieser mächtige Regenbringer, setzt in den Monaten April und Mai ein. Vorher schon, im März, wandern die Delphine ab und halten sich an Plätzen wie dem Gela Bil auf, wo sie auch die Paarung vollziehen. In diesen Nebenflüssen bleiben die Tiere bis Dezember, worauf sie in den Brahmaputra zurückkehren, der zu dieser Zeit bereits weniger Wasser führt. Im März setzt abermals die Wanderung ein, und jetzt bringen die Weibchen in den Nebenflüssen ihre etwa 70 bis 75 Zentimeter großen, zahnlosen Jungen zur Welt, und zwar jeweils eines pro Weibchen. Bis zum Dezember werden sie gestillt, dann wandern die Mütter mit den Jungtieren, die jetzt ungefähr einen Meter lang sind, in den Brahmaputra.

Vergleiche mit anderen Delphinarten sowie unsere Untersuchungen an trächtigen Weibchen und Embryonen lassen auf eine Tragzeit von 10 bis 11 Monaten schließen. Entsprechend dem ganzen Zyklus ist anzunehmen, daß ein Weibchen alle zwei Jahre ein Junges zur Welt bringt, da die in den März, also in die Paarungszeit fallende Geburt eine Befruchtung mit ziemlicher Sicherheit ausschließt.

Frau Dr. Gihr und Miss Knuckey hatten vereinzelt die Beobachtung machen können, daß ein Delphin sich im Wasser senkrecht aufrichtet, Kopf und Schnabel über die Oberfläche reckt und in dieser Stellung mehrere Sekunden verharrt. Wir nahmen an, daß es sich dabei um eine Art Balzverhalten handle, um eine der Kopulation vorangehende oder – im Gestus der Delphine – dazu einladende Gebärde.

Während unseres Aufenthaltes am Brahmaputra wurde uns ein Inder vorgestellt, der glaubhaft versicherte, eine Kopulation beobachtet zu haben. Sein Bericht sei hier *sine ira et studio* wiedergegeben.

Die Beobachtung erfolgte an einem Apriltag um drei Uhr nachmittags in einem schmalen Nebenfluß des Brahmaputra, unweit der Einmündung, wo die Wassertiefe ungefähr vier Meter erreichte. Mit vehementen Bewegungen schnellte ein Delphinpaar senkrecht aus dem Wasser, wobei sich die Brustflossen der beiden Tiere ineinander verflochten und die Bäuche miteinander in engen Kontakt gerieten. Gut die Hälfte des Körpers ragte über die Oberfläche, und die Tiere vollführten mit den Schwänzen heftige Bewegungen, um sich mehrere Sekunden so halten zu können. Danach ließ sich das Paar, noch immer mit ineinander verschränkten Brustflossen und aneinandergepreßten Bäuchen, seitwärts fallen und führte, mit den Oberkörpern schräg aus dem Wasser ragend, Rollbewegungen um die Längsachse aus, die etwa drei Minuten anhielten. Hernach trennten sich die beiden voneinander und schwammen in verschiedene Richtungen davon.

Soweit der Bericht. Und mehr ist auch nicht bekannt.

Jedenfalls sind noch viele Fragen zu klären. Etwa ob ein Männchen Herr über eine Herde mehrerer Weibchen ist oder ein altes Weibchen führt, wie man das bei den Meeresarten oft beobachten kann; ob das Männchen in irgendeiner Weise an der Aufzucht der Jungen mitbeteiligt ist; ob die jungen Delphine, die ja wie alle Wal- und Delphinjungen Nestflüchter par excellence sind, die Orientierung mittels Sonar sozusagen in einer Art postnataler Ontogenese erlernen müssen und damit zugleich den Tastgebrauch der Brustflossen und das Seitenschwimmen; Anzeichen deuten darauf hin, daß bei den Jungtieren das Seitenschwimmen noch nicht dermaßen ausgeprägt ist wie bei den erwachsenen Exemplaren. Ungeklärt ist auch noch, ob sich das Junge tatsächlich, wie einige Beobachter mitteilen, mit den zahnlosen Kiefern an der Brustflosse des Muttertieres festklammert und sich mitschleppen läßt – Sterndale etwa berichtet darüber in seinem um 1880 erschienenen Buch «Die Säugetiere Indiens». Ob die Muttertiere Herden bilden, ist ebenfalls noch nicht entschieden, und wir wissen auch nicht, ob es wie bei einigen anderen Meeresarten Kindergärten gibt. Viele offene Fragen, die noch der Klärung harren.

Körper und Auge – Anpassung bis zur Rückbildung

Immer wieder staunten wir bei unseren Untersuchungen über die meisterliche Anpassung an das Wasserleben, die die Natur bei diesen Säugetieren vollzogen hat. Einmal die strömungstechnisch einwandfreie Durchformung des Körpers mit einem ebenso optimalen Fortbewegungsapparat. Mächtige Muskeln setzen an den kräftig ausgebildeten Wirbeln an und verleihen dem Schwanz jene Kraft, die er zum Vorwärtspeitschen des Tieres braucht. Eine dicke Speckschicht glättet nicht allein die Körperform zur vollendeten Stromlinie, sie schützt auch in kalten Meeren den Warmblüter vor der Gefahr des Wärmeverlustes, der beim Säugetier zur Unterkühlung führen und tödlich werden kann. Die Körperbehaarung ist weggefallen, eine weitere Maßnahme der Natur, das Tier strömungstechnisch zu adaptieren. Die Haut ist völlig glatt, ohne Drüsen, und bietet dem Wasser wenig Reibungswiderstand.

Die Rückenfinne in Form eines Kammes ist nur angedeutet. Das unterscheidet die Platanista gleichfalls grundlegend von den im Meer vorkommenden Delphinen, die zumeist über eine recht ausgeprägte Rückenfinne verfügen. Viele Zoologen sehen darin einen zusätzlichen Beweis für eine primitive Entwicklungsstufe der Flußdelphine. Sie nehmen an, daß die Platanista schon recht frühzeitig aus dem Urwal entstanden sei und hinsichtlich der körperlichen Ausbildung in einem Anfangsstadium verharrte. Dem würden auch die Gehirnbefunde entsprechen, die gleichfalls eine für diese Familie der Wassersäugetiere relativ urtümliche und einfache Organisation zeigen. Dafür sprechen auch die sieben freibeweglichen Halswirbel, die bei den meisten anderen Arten verwachsen sind. Aus den Notwendigkeiten des Überlebens heraus dürfte sich später ausschließlich das Sonar bis zu seinem im ganzen Tierreich einzigartigen Höchststand spezialisiert haben. Vielleicht gerade weil das Tier in seiner Gesamtheit noch relativ unentwickelt war und daher, wenn man es so formulieren kann, noch über «freie Valenzen» verfügte?

Die breiten schaufelförmigen Brustflossen dienen der Steuerung und dem Stabilisieren der Schwimmbewegungen. Ihr Herkommen von den Vordergliedmaßen der Säugetiere ist offensichtlich. Handwurzelknochen, Mittelhandknochen sind vorhanden, fünf Finger kann man schon von außen wahrnehmen. Die Elemente der Säugetier-«Hand» sind entsprechend dem Wasserleben umgestaltet. Einige Handwurzelknochen sind miteinander verschmolzen, ebenso einige Mittelhandknochen, um weniger, aber dafür kräftigere Einheiten, wie sie für die unter Wasser zu erbringenden Leistungen nötig sind, zu bilden. Dafür wurde die in diesem Milieu überflüssige Beweglichkeit etwa der Finger geopfert.

Die Finger sind lang und stark gespreizt, bei der Platanista stärker als bei anderen Delphinen. Im Verhältnis zum Körper hat sie viel breitere Flossen. Der erste Finger, der dem Daumen entspricht, ist, wie ich in einer gemeinsam mit Frau Dr. Gihr verfaßten Abhandlung feststellen konnte, stark verkümmert und besteht nur aus zwei freien Gliedern, während die übrigen Finger fünf Glieder aufweisen. Seltsamerweise ist die Anzahl der Mittelhandknochen bei den einzelnen Exemplaren nicht konstant, ja sie ist sogar an der linken und der rechten Flosse des Einzeltiers verschieden, je nachdem die einzelnen Mittelhandknochen mit Nachbarknochen verschmolzen sind.

Am vorderen Rand der Flosse befindet sich – man möchte in Anbetracht der beschriebenen Tastfunktion beim Schwimmen in Grundnähe direkt sagen logischerweise – in der Haut eine große Menge von Tastkörperchen, die als Rezeptoren für die ebenso zahlreichen Tastfasern der Nerven dienen.

Und damit sind wir wieder bei der Orientierung im trüben Wasser, dessen Sichttiefe im Indus nicht mehr als 2 bis 4 Zentimeter beträgt und auch im Brahmaputra nicht viel weiter reicht.

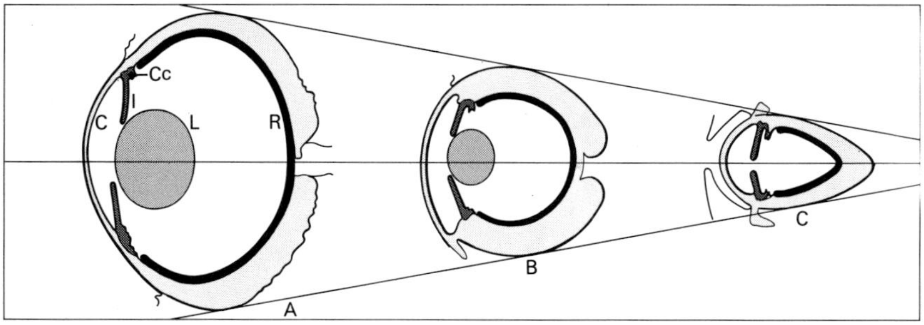

Rückbildung des Auges der Flußdelphine.
A La-Plata-Delphin
B Amazonasdelphin
C Indusdelphin

C Hornhaut
Cc Ziliarkörper
I Regenbogenhaut
L Linse
R Netzhaut

Diesem trüben Milieu ist also das Auge zum Opfer gefallen. Es wurde bereits gesagt, daß die Linse fehlt, ebenso fehlen die Augenmuskelnerven sowie die Augenmuskeln selbst, so daß der stark verkleinerte Augapfel unbeweglich ist. Der *Nervus opticus,* jener Nerv, der die optischen Sinneseindrücke zum Gehirn leitet, ist mit 0,6 mm Durchmesser dünn wie ein Zwirnfaden.

Die Augenöffnung, die sich etwas hinter und über dem Mundwinkel befindet, hat nur 2 bis 3 mm Durchmesser, sie ist rund oder oval, das Auge liegt sehr tief, etwa 4 mm von der Hautoberfläche gemessen. In seiner Funktion kann es mit dem sogenannten Grubenauge primitiver – z. B. wirbelloser – Lebewesen verglichen werden. Man kann den Unterschied auch veranschaulichen, indem man einer modernen, lichtstarken Filmkamera mit Zoom, Blendenautomatik und allem sonstigen Drum und Dran eine Lochkamera gegenüberstellt, wie sie noch im Physikzimmer mancher Schulen für Demonstrationen im Unterricht ihren Platz hat. Ein solches Auge kann trotz einer etwa eineinhalb Millimeter weiten Pupille und trotz des Vorhandenseins einer verhältnismäßig dicken Retina keinerlei Bildauflösungsvermögen haben. Wie auch der atrophische Sehnerv kaum differenzierte Sinneseindrücke transportieren könnte und der optische Bereich im Gehirn infolge seiner Rückbildung nicht in der Lage wäre, mehr als einen Eindruck von Hell und Dunkel zu verarbeiten.

Ganz allgemein ist die Entwicklung des Säugetierauges auf dem Weg seiner Anpassung an das Sehen unter Wasser eine äußerst interessante Angelegenheit: Der Akkomodationsapparat, also die Schärfungsvorrichtung der Linse, ist gänzlich umgebildet, um den geänderten optischen Verhältnissen Rechnung zu tragen. Das System der das Auge mit Blut versorgenden Adern heißt nicht umsonst Wundernetz (auch wissenschaftlich: rete mirabile). Es *ist* ein Wundergebilde, denn es muß imstande sein, die Blutversorgung noch in der größten Tauchtiefe, die bei den Pottwalen auf etwa 700 Meter geschätzt wird, trotz des dort herrschenden ungeheuren Wasserdrucks zu gewährleisten. Das Auge selbst ist durch eine besonders verdickte Bindegewebshaut vor dem enormen Druck abgesichert, so daß eine Verformung des Augapfels, die eine Störung des optischen Systems nach sich ziehen würde, verhindert wird.

Neben seinen optischen Aufgaben hat das Auge der Wale und Delphine auch noch eine zweite Funktion. Meine im Hirnanatomischen Institut an Walpräparaten vorgenommenen und sich auf mehrere Arten erstreckenden Untersuchungen haben erwiesen, daß sich im Kammerwinkel des Auges der Finnwale ein Sinnesorgan befindet, das Änderungen des Außendruckes wahrnehmen kann. Nichts anderes also als ein sogenanntes «Naturmanometer», das den Tieren Informationen über den Wasserdruck und damit über die ertauchte Tiefe liefert.

Eine von uns durchgeführte Forschungsexpedition im Mittelmeer zeigte Miss Knuckey und mir, welche Rolle als Sonnenkompaß der Gesichtssinn der Delphine spielt. Bei ihren täglichen Wanderungen richten sich die Tiere, wie wir einwandfrei beobachten konnten, nach dem Stand der Sonne. Am Vormittag schwimmen sie ihr entgegen, also in östlicher Richtung, um nachmittags, wieder ihr entgegen, nach Westen zurückzukehren.

Unsere Platanista hat nun die Fähigkeit einer optischen Differenzierung von Objekten infolge der milieubedingten Rückentwicklung völlig eingebüßt. Allerdings hat ihr Auge andere, für die spezifische Umwelt nötige Aufgaben übernehmen müssen. Beispielsweise die Oben-Unten-Orientierung aufgrund des Lichteinfalles beim Seitenschwimmen. Die Starre des Augapfels kommt ihr dabei zustatten. Wir haben auch schon den Einfluß des Lichtreizes auf die Freßgewohnheiten beschrieben. Er erfüllt eine Initial- oder Induktorfunktion für wesentliche vegetative Vorgänge im Bereich des Stoffwechsels. Die Platanista wird in der Dunkelheit eindeutig lebhafter und freßgieriger, und in Freiheit wagt sie sich bei Nacht sogar in die flachen Ufergegenden des Stromes.

Wurden die Tiere im Aquarium längere Zeit grellem Licht ausgesetzt, so reagierten sie mit Furchtsamkeit und Gereiztheit. Ihr Schwimmtempo beschleunigte sich bis zu einem Grad, der dem Panikverhalten nahekam. Umgekehrt wird durch ständige Dunkelheit der Aktivitätsrhythmus, der also direkt über die Lichtempfindungen der Netzhaut gesteuert wird, gleichfalls bis zur völligen Freßunlust gestört.

Die Entwicklung, die das Auge der Platanista genommen hat, seine Rückbildung, ist nicht nur ein interessantes und eigenartiges Phänomen, sie ist auch in mancher Weise rätselhaft und zeigt, welch unerklärliche Wege die Natur mitunter einschlägt.

Man könnte nämlich fragen, weshalb bei den anderen Fischen des Indus – wie wir beim erwähnten Mali, Singari, Muraki und anderen Arten gesehen haben – das Auge sich nicht gleichfalls zurückgebildet hat. Bestimmend hierfür wird wohl die Ausgangslage gewesen sein: daß es sich von Anfang an um Wasserlebewesen, um Fische, gehandelt hat, deren Auge von jeher dem Unterwassersehen angepaßt war. Die Struktur der Linse, der ganze Gewebsaufbau ist beim Fischauge gänzlich anders und besser geeignet, der Netzhaut differenzierte Eindrücke in hinreichender Lichtstärke zu liefern. Auch dürfte sich der Lebensbereich der übrigen Indusfische allein schon aus Gründen der Körpergröße in anderen Regionen befinden als der der Platanista – näher dem Ufer und der Oberfläche. Daneben haben die sich auch in tieferen Regionen aufhaltenden Panzerwelse ohnedies Tasttentakel entwickelt.

Bei den verschiedenen Fischarten ist im allgemeinen eine große Divergenz der Entwicklungstendenzen zu beobachten. Es gibt Tiefseefische mit stark rückgebildetem Sehapparat, es gibt aber auch solche mit extrem empfindlichen Augen. Bei der einen Art geht die

Rückbildung des Auges mit der Evolution eines Tastapparates einher – die Tastfühler in der Maulgegend –, eine andere entwickelt das Seitenlinienorgan und wieder eine andere sogar ein elektrisches Organ. Im Gegensatz dazu gleicht die Natur Lichtmangel des öfteren durch Forcierung des optischen Sinnes aus (Tiefseefische), bis zur Hilfsapparatur in Form von Leuchtorganen, die gleichermaßen zur Orientierung wie als Lockmittel dienen. Die Natur ist vielseitig und experimentiert auf ihre Weise in alle Richtungen. Vielleicht hängt die Rückbildung des Auges der Platanista eng mit der gerade bei ihr besonders latenten Anpassungsfähigkeit zusammen, die dem Tier das Überleben im Fluß ermöglichte. Vielleicht ist in optischer Hinsicht dieser Anpassungsimpuls über das Ziel hinausgeschossen...

Untersuchung des Kopfes. Und zwei wichtige Beobachtungen

Schon rein äußerlich mutet der Kopf der Platanista recht merkwürdig an. Der lange Schnabel erinnert etwa an den des Gavials, des fischfressenden Krokodils, von dem wir leider nur die Spuren im Sand des Indusufers entdecken konnten. Die langgezogenen Kiefer mit ihren120 bis 140 Zähnen – die Anzahl schwankt sehr, insbesondere bei älteren Tieren haben wir stets bedeutend weniger Zähne gezählt als bei Jungtieren – sind ideal für den Fischfang. Der Schnabel kann weit aufgerissen werden, bis die Kiefer nahezu rechtwinklig zueinander stehen. Die Beute wird wie mit einer großen Pinzette gepackt und unzerkleinert geschluckt. Die tief hinten in der Mundhöhle sitzende, an sich gut ausgebildete Zunge weist allerdings keine Geschmackspapillen auf, so daß als Kriterien für die Nahrung andere als geschmackliche Maßstäbe angenommen werden müssen. Wir haben auch gesehen, daß das Geschlecht des Tieres an der Schnabellänge festgestellt werden kann, die beim Weibchen länger ist als beim Männchen.

Ein weiteres Charakteristikum der Platanista ist die Kopfform an sich. Über dem Schnabel erhebt sich steil die Frontpartie als wulstige Halbkugel, der Melon. Er geht erst weiter hinten, in der Gegend des am Scheitel ausmündenden Blasloches, der Nasenöffnung, in den eigentlichen Schädel über.

Dieser Melon ist eine Besonderheit der Zahnwale. Er ist in irgendeiner Form und mehr oder weniger umfangreich bei allen – auch schnabellosen – Arten vorzufinden. Über seinen Zweck gibt es verschiedene Theorien, und eine der verstiegensten ist die Behauptung, das im Melon befindliche Fettgewebe sei eine «akustische Linse» zur Bündelung des von den Tieren erzeugten Ultraschalles. Leider hat gerade diese – wie wir sehen werden – unsinnigste und allen Erkenntnissen der Physik des Schalles zuwiderlaufende Theorie die meiste Verbreitung in der Literatur über die Schallortung der Wale und Delphine gefunden. In Wahrheit aber dürfte es sich beim Melon um ein ausgleichendes Statikorgan handeln, das für die Lagestabilisierung der Tiere sorgt, entfernt vergleichbar mit der – den Meeressäugern ja fehlenden – Fischblase. Die Funktionen des Melons müssen aber noch gründlich und systematisch erforscht werden. Im späteren Kapitel über das Sonar können wir vorerst nur darlegen, was er *nicht* bewirkt.

Am Schädel der Platanista fällt als erstes eine fächerartige Knochenbildung auf, die der eigentlichen, das Gehirn bergenden Schädelkapsel vorgelagert ist. Sie bildet das Gerüst des Melons, ragt beidseits von den Oberkieferknochen her auf und biegt sich schalenförmig nach oben zur Mitte hin zusammen. Wegen ihrer Ansatzstelle heißen diese Fächer *Cristae maxillares,* «Wangenkämme». Bei keiner anderen Delphinart sind sie so ausgeprägt wie bei der Platanista, und sie fehlten auch den fossilen Platanistiden.

Der durch diese Kämme gebildete Hohlraum ist zum Teil mit dem dichten Fettgewebe des Melons ausgefüllt. Die beiden Fächer sind nicht gleich groß, wie überhaupt der Schädel der Delphine und Wale unsymmetrisch angelegt ist. Über das Warum sind sich die Gelehrten gleichfalls noch nicht einig. Manche leiten aus der Asymmetrie die Fähigkeit zum Erzeugen und Wahrnehmen zweier voneinander unabhängiger und verschiedener Schallsignale ab. Doch auch hier ist alle Theorie noch reichlich grau. Jedenfalls ist bei der Platanista durchweg der linke Wangenkamm kleiner als der rechte. Die Furche an der Schädeloberfläche, wo die beiden Kämme zusammentreffen – jedoch nie zusammenwachsen –, ist daher stets etwas zur linken Schädelhälfte hinübergezogen. Sie vergrößert sich keilförmig nach hinten, durch die hier breite Öffnung führt der Nasengang nach außen.

Eine Untersuchung der *Crista maxillaris* brachte überraschende Ergebnisse. Zum Verständnis müssen wir wieder einmal dem Kapitel über die Schallortung vorgreifen. Schallwellen werden, ähnlich den Lichtwellen, beim Übergang von einem Medium ins andere gebrochen und teilweise reflektiert, je nachdem, um welche Medien es sich handelt. Wenn wir uns über weite Entfernungen durch Rufen verständigen wollen, so bilden wir ohne langes Nachdenken mit den Händen vor dem Mund einen Trichter, durch den wir rufen. Wir tun damit instinktiv das Richtige, weil sich nämlich der Schall an den trichterförmig zusammengelegten Handflächen bricht, sich nicht mehr nach allen Seiten zerstreut, sondern zu einem «Schallstrahl» gebündelt wird, dessen zusammengefaßte Energie natürlich für eine längere Wegstrecke reicht. Genauso wirkt das Megaphon.

Und gerade solch ein «Naturmegaphon» mit bündelnder Wirkung stellt das im Kopf der Platanista vorhandene System dar. Wobei die Bündelung aber keineswegs durch einen «Lupeneffekt» des Melons zustande kommt. Nein, es ist ganz anders.

Unter der Haut des Melons liegen die beiden Knochenkämme. Ihnen entlang zieht sich ein System von Hohlräumen, die eine Art

Schale um den vertikal vom Munddach emporsteigenden Nasengang bilden. Wie bei den Landsäugetieren verbindet die Ohrtrompete den Nasenraum mit dem Mittelohr, der sogenannten Paukenhöhle. Da sie mit dem Luftraum um das Gehörorgan und dadurch mit dem komplizierten System der Hohlräume im Melon in Verbindung steht, kann Luft von der Nase über die Ohrtrompete bis zu den Räumen der Cristae gepreßt werden. Die Paukenhöhle als solche kann jederzeit durch einen aus Blutgefäßen bestehenden Schwellkörper vom übrigen System isoliert werden. Alle Hohlräume sind mit Schleimhaut ausgekleidet, deren Sekret, mit Luft vermischt, eine Art Schaum bildet.

Mehrere Untersuchungen wurden in Zusammenarbeit mit einem hervorragenden Spezialisten, meinem Freund Dr. Peter E. Purves, Leiter der Walabteilung des British Museum, durchgeführt. Im Jahre 1972, als er seinen gewohnten Arbeitsurlaub in meinem Institut verbrachte, nahmen wir, Dr. Purves und ich, uns vor, dieses komplizierte Hohlraumsystem der Platanista genau zu untersuchen. Wir nahmen ein Kopfpräparat und füllten durch einen kleinen Stich in der Ohrkapsel Lipiodol, eine kontrastierende ölige Flüssigkeit, ein. Dann machten wir eine Röntgenaufnahme. Durch die Verbindung des Gehörorgans mit jenem Hohlraumsystem war dieses mit der Kontrastflüssigkeit ausgefüllt worden. Nach einer weiteren Füllung machten wir eine zweite Aufnahme, die klar bewies, daß das gesamte System der Luftkammern unterhalb der *Crista maxillaris* einer Seite mit dem Gehörorgan der gleichen Seite in Verbindung steht und durch den Nasengang mit Luft versorgt wird. Diese Hohlschale nun ist es, die den Schall im niederfrequenten Bereich bündelt. Ein Pendant zu dem schaumigen Schleimhautsekret sind die vom Menschen zur Schalldämpfung entwickelten geschäumten Materialien.

Wir konnten eindeutig nachweisen, daß das Hydrophon, wenn es beim spielenden Tier die Kiefer entlang nach hinten gleitet, ab dem vorderen Rand der Crista keinerlei Geräusch mehr aufnimmt, obgleich, wie ein zweites Hydrophon in Schnabelrichtung bewies, die Tiere weiterhin ihre Signale aussenden.

Unsere zweite Entdeckung betrifft ein ganz anderes Gebiet.

Die beiden indopakistanischen Delphinarten heißen zwar *Platanista indi* und *Platanista gangetica,* also Indusdelphin und Gangesdelphin, eine Unterscheidung, mit der ihre Taxonomie und der geographisch auseinanderliegende Lebensbereich ausgedrückt werden sollen. Sie galten aber dessenungeachtet bisher beide als Vertreter ein und derselben Delphinart.

Dazu ist folgendes zu sagen: Im Pleistozän bildeten Indus, Ganges und Brahmaputra ein einziges gewaltiges Flußsystem, durch geologische Umschichtungen wurde jedoch vor etwa 600000 Jahren der Indus separiert. Heute erkennt man noch die ausgetrockneten Flußtäler, welche einst die Verbindung zwischen Ganges und Indus herstellten. In den beiden heutigen Flußgebieten, dem Indus einerseits und dem Ganges und Brahmaputra andererseits, lebten die Platanista nun geographisch völlig voneinander getrennt weiter fort. Eine solche geographische Trennung stellt einen der wichtigsten Faktoren in der Artbildung dar, und so ist es für die Wissenschaft von größtem Interesse, festzustellen, ob in diesem naturgeschichtlich kurzen Zeitraum eine auseinandergehende Entwicklung der beiden Delphinpopulationen stattgefunden hat.

Durch Dr. Gihrs und meine Untersuchungen an den Skelettpräparaten konnte nun der Nachweis erbracht werden, daß seit der damaligen Separierung der Ströme die Platanista zwar geringfügige, doch immerhin gewisse Unterschiede entwickelt haben. Die Benennungen *Platanista indi* und *Platanista gangetica* dienen also jetzt nicht mehr nur der rein geographischen Differenzierung, sondern sind auch als systematische Gegebenheiten anzusehen, die den evolutiven Prozeß der Speziation widerspiegeln.

Wir haben erwähnt, daß im Zwischenraum am hinteren Ende der Crista der Nasengang austritt. Hier liegt in der Verlängerung der Nasenscheidewand nach oben zu eine kleine Knochenerhöhung an der Schädelkapsel – gleichfalls als Kamm bezeichnet, «Nasenkamm», *Crista nasalis.* Alle unsere Messungen ergaben, daß diese *Crista nasalis* bei der *Platanista gangetica* durchschnittlich um rund 10 mm in den Nasenraum hineinragt. Bei der *Platanista indi* beträgt die Höhe nur 1 bis 4 mm. Außerdem ist die *Crista maxillaris* beim Ganges-Brahmaputra-Delphin größer als beim Indusdelphin. Weitere Unterschiede konnten dieses Jahr im Flossenbau und an den Halswirbeln festgestellt werden.

Diese Befunde mögen zwar nicht gerade weltbewegend sein, doch ist durch sie erstmals eine Handhabe gegeben, die beiden Arten voneinander zu unterscheiden und den Ursprung eines Präparates zu bestimmen. Letzteres ist z. B. bei einigen der in den Museen vorhandenen Exemplare notwendig.

Das Gehirn

Die Zahnwale, zu denen die Platanista ja gehört, weisen, was das Gehirn anbelangt, von Art zu Art große Unterschiede auf. Diese Unterschiede betreffen nicht nur das absolute Gehirngewicht, sondern vor allem die Cephalisation, den relativen Grad der Ausstattung des Körpers mit Gehirn, und nicht zuletzt die Feinstruktur und Organisation des Gehirnes selbst.

Der Pottwal etwa, der stattlichste Vertreter der Zahnwale, besitzt das größte Gehirn aller Lebewesen auf Erden. Es dürfte bei den ausgewachsenen Exemplaren an die zwölf Kilogramm wiegen. Dennoch zählt der Pottwal trotz seines hohen absoluten Hirngewichts keineswegs zu den intelligenteren Meeressäugern. Denn nicht das absolute Gehirngewicht entscheidet über die Leistungsfähigkeit dieses Organs, es ist vielmehr vor allem seine Struktur, die den Ausschlag gibt und deren Entwicklung in der Ausbildung des Großhirns und der grauen Substanz gipfelt.

Zur Bestimmung des Cephalisationsgrades wurden Vergleichsgrundlagen ausgearbeitet, die es ermöglichen, die Gehirne verschiedener Lebewesen zueinander in ein Verhältnis zu setzen, indem man Körpergewicht und Gehirngewicht gleichsam auf einen gemeinsamen Nenner bringt. Demnach weisen Rekonstruktionen des Urwalgehirns auf einen noch sehr geringen Cephalisationsgrad hin. Die beiden Großhirnhemisphären sind sehr bescheiden entwickelt, wobei nebenbei bemerkt noch eine auffallende Präsenz des Riechnervs festzustellen ist, der bei den modernen Walen überhaupt fehlt. Das Gehirn des Urwales ist, so könnte man sagen, in der Entwicklung sogar hinter der des Körpers zurückgeblieben, der bereits optimal den Lebensbedingungen im Wasser angepaßt ist.

Aber ebenso plötzlich, wie der Wal als Art erschienen ist, setzt die Entwicklung seines Gehirns ein. Auf eine ebenso eindrucksvolle Weise, wie sie beim Menschen stattgefunden hat. Was den Anstoß dazu gab, vermochte auch Frau Professor Tilly Edinger, beste Kennerin der fossilen Gehirne, nicht zu sagen. Äußere Einflüsse können es keinesfalls gewesen sein, da diese Meeressäuger seit ihrem Auftreten im Eozän in einem Milieu leben, das sich kaum verändert hat.

Vergleicht man nun das Verhältnis zwischen Gehirngewicht und Körpergewicht, so stellt man mit Erstaunen fest, daß bei den Zahnwalen vor allem einige Delphinarten einen Cephalisationsgrad erreicht haben, der dem des Menschen gleichkommt und den des Gorillas und Schimpansen – der als intelligenteste Säugetiere geltenden Primaten – noch bei weitem übertrifft. An der Spitze steht der *Tursiops truncatus,* womit der schlichte Tümmler gemeint ist, ein Tier, das die Meere in großer Zahl bevölkert und dessen verspielte Art den Schiffsreisenden immer schon Vergnügen bereitete. Wer aber hätte ihm Ebenbürtigkeit zugetraut? – Ihm kommt *Delphinus delphis* nahe, der gemeine Delphin, einige andere Delphiniden rangieren auf der Skala nicht weit dahinter. Alle diese Tiere haben aber nicht nur den erwähnten hohen Cephalisationsgrad, ihre Gehirne sind, wie wir auch histologisch prüfen konnten, auch aufbau- und strukturmäßig mit dem des Menschen zu vergleichen. Das Großhirn, Endglied der von der Natur vollzogenen Organentwicklung, ist enorm ausgebildet, weist eine reiche Furchung auf, und seine innere Struktur ist nicht minder komplex als die des Menschengehirnes. Man steht tatsächlich ratlos vor der Frage, ob es sich überhaupt noch um ein Tier handeln könne. Und wer sich einmal näher mit der Materie befaßt hat, wird diesem Lebewesen mit gemischten Gefühlen gegenüberstehen. Vor allem mit dem Gefühl einer gewissen Unsicherheit und Scham. Scham darüber, daß der Mensch bis jetzt durch alle Zeiten diese Lebewesen einfach als Tiere hingenommen, mit ihnen experimentiert, sie gefangen oder gar abgeschlachtet hat. Mit Ausnahme einiger Völker wie der alten Griechen. Seit aber die Sowjetunion vor mehreren Jahren aufgrund der über das Delphinhirn erworbenen Kenntnisse den Fang und vor allem die Tötung dieser Wesen verbot und die USA bald nachfolgten, kann man den Delphinen sozusagen wieder ruhig ins Auge blicken.

Um nun das Resümee für die Platanista zu ziehen, so haben wir festgestellt, daß sie hinsichtlich der Cephalisation am untersten Ende der Skala steht. Das Gehirngewicht beträgt um die 250 Gramm, und bei einem Körpergewicht von durchschnittlich 60 Kilogramm ist ihr Cephalisationsgrad der weitaus niedrigste aller Zahnwale und wird schon von dem der *Inia geoffrensis,* des Amazonasdelphins, mit durchschnittlich 550 Gramm Hirngewicht bei annähernd gleichem Körpergewicht, übertroffen. Auch die äußere Struktur des Gehirns der Platanista steht im Vergleich zu der anderer Zahnwale auf einer niedrigen Stufe. Neben einer wenig bedeutend und einfach angelegten Furchung ist das Großhirn insgesamt schwach entwikkelt, es überdeckt das Kleinhirn nur teilweise, wobei dieses rund 9 Prozent des Gehirngewichtes für sich beansprucht. Alle Strukturen, die im Dienst der Gehörfunktion stehen, sind auffallend stark ausgeprägt.

Für Menschen kein Eintritt: die Welt des Ultraschalls

Eine Entwicklung des Menschen, deren Prinzip aber längst schon von der Natur vorweggenommen wurde. Wir erinnern uns an die Fledermäuse, die sich mit Ultraschall orientieren, so wie es auch die Wale und Delphine unter Wasser tun.

Sonargeräte wurden aus dem Echolot entwickelt, mit dem die Seeleute die Wassertiefe messen. Schall wird ausgesendet, vom Meeresgrund reflektiert und als Echo wieder aufgefangen. Aus der Zeitdifferenz zwischen Signalgabe und Empfang läßt sich durch die Schallgeschwindigkeit die Entfernung zum Grund messen.

Während des Krieges verfeinerte man diese Methode für das Aufspüren von U-Booten. Und wie die Amerikaner schon so oft die deutsche Sprache bereichert haben, bescherten sie uns auch das schöne Wort Sonar für dieses verfeinerte Echolot. Es ist eine Abkürzung und bedeutet «Sound navigation and ranging», Schallnavigation und Entfernungsmessung.

Schall ist ein Schwingungsphänomen. Eine Schallquelle ist nichts anderes als eine Vorrichtung – sei es eine technische oder eine organische –, durch die das sie umgebende Medium in Schwingungen versetzt wird. Daraus geht schon hervor, daß Schall etwas benötigt, was ihn trägt. Ein Gas, eine Flüssigkeit, feste Materie. Im Vakuum wird kein Schall weitergeleitet.

Zur Veranschaulichung muß oft die Wasseroberfläche herhalten, die sich durch einen hineingeworfenen Stein ring- oder wellenförmig kräuselt. Dieses Bild stimmt aber nur bedingt, es gibt gleichsam nur eine Projektion auf eine Ebene wieder. Schallwellen nämlich pflanzen sich in drei Dimensionen fort. Sie bestehen aus nichts anderem als einer rhythmischen Zunahme und Abnahme des Druckes an jedem einzelnen Punkt des schalleitenden Mediums. Der Rhythmus dieses Wechsels von Verdichtung und Verdünnung wird Frequenz genannt, die in Hertz gemessen wird. Ein Hertz bedeutet eine Schwingung pro Sekunde, ein Kilohertz demnach tausend Schwingungen pro Sekunde. Recht willkürlich wurde das menschliche Hörvermögen als Maßstab zugrunde gelegt und danach der Schall in drei Kategorien eingeteilt:

1. Subsonische Schwingungen. Sie liegen mit weniger als 20 Hz unter dem Hörbereich des menschlichen Ohres.
2. Sonische Schwingungen. Sie umfassen den Bereich von 20 Hz bis 20000 Hz, der vom menschlichen Ohr erfaßt wird. Dabei ist zu sagen, daß das Ohr eines Kindes höhere Frequenzen zu hören vermag als das eines Erwachsenen, dessen obere Hörgrenze oft bis auf 12000 Hz absinkt.
3. Supersonische Schwingungen oder Ultraschall mit Frequenzen über 20000 Hertz.

Ein weiteres für den Schall bestimmendes Merkmal ist die Wellenlänge. Sie stellt die Entfernung eines Punktes mit der höchsten Dichte vom nächsten dar – oder auch die des Punktes der stärksten Verdünnung vom nächsten.

Die Geschwindigkeit, mit der sich der Schall fortpflanzt, hängt von der Art des Mediums und dessen Temperatur ab. Sie beträgt in der Luft bei 18 Grad Celsius 340 Meter in der Sekunde. In dichterer Materie pflanzt sich der Schall schneller fort, in Wasser beispielsweise legt er bei 0 Grad Celsius 1550 Meter in der Sekunde zurück, also mehr als viermal soviel wie in der Luft.

Schallgeschwindigkeit, Frequenz und Wellenlänge stehen nun in einem Verhältnis zueinander, das auf folgende ganz einfache Formel gebracht werden kann: Geschwindigkeit ist gleich Frequenz mal Wellenlänge. Das heißt nichts anderes, als daß bei vorgegebener Geschwindigkeit und Wellenlänge nur eine gewisse Anzahl von Schwingungen auf einer bestimmten Wegstrecke Platz findet.

Die Geschwindigkeit ist konstant. Also muß die Welle um so kürzer sein, je höher die Frequenz ist. Ein Schall von 50 kHz hat in der Luft eine Wellenlänge von 6,8 Millimetern. Da das Wasser den Schall schneller leitet, hat derselbe 50-kHz-Schall im Wasser eine Wellenlänge von 30,1 Millimetern.

Schließlich ist noch zu sagen, daß sich eine um so schärfere Bündelung des Schalles ergibt, je kürzer die Wellenlänge ist. Eine lange Welle wird auch nur von größeren Gegenständen reflektiert werden können, weil sie sich infolge ihrer gedehnten Schwingung um das kleinere Objekt «herumschmiegt», wohingegen die kürzere Welle auch von kleineren Objekten aufgehalten und reflektiert werden kann. Allerdings ist der Abschwächungsfaktor für kurze Wellen bedeutend höher als für lange, sie verlieren sich bereits auf kürzere Distanz. Dies wird im Wasser wieder durch die größere Leitfähigkeit kompensiert, die den Absorptionsfaktor um das Tausendfache kleiner sein läßt als in der Luft.

Das wäre nun das akustische Rüstzeug zum Verständnis des Sonars beim Delphin. Natürlich gibt es noch mehr Gesetze und Formeln, aber hier soll ja nur das Prinzip dargelegt werden.

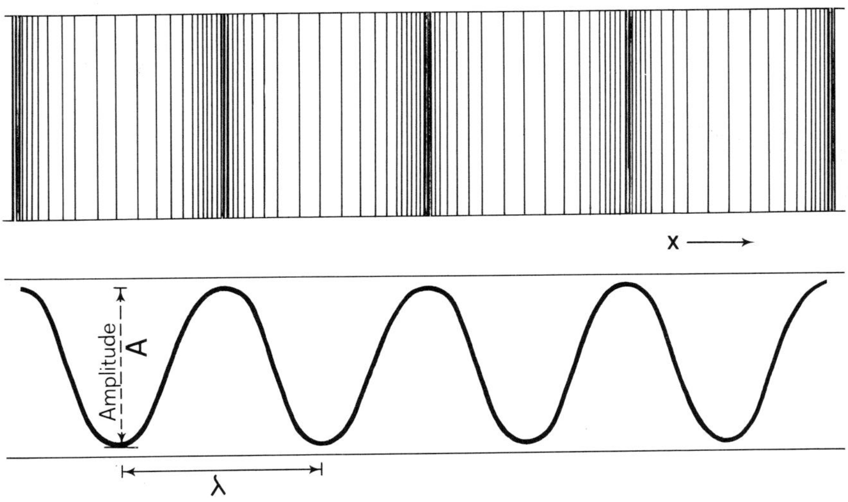

Schema einer Schallwelle. Verdichtung und Verdünnung des Mediums. Darunter die entsprechende Amplitudenaufzeichnung im Oszillographen.
x: Zeitablauf,
λ: Wellenlänge.

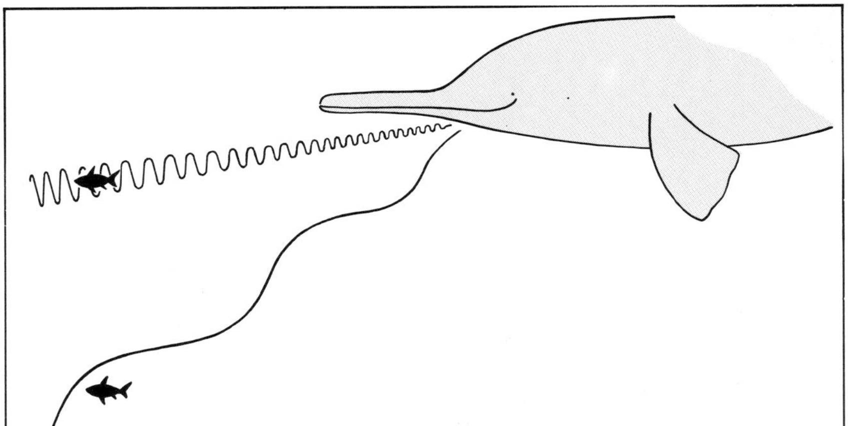

Schema der Sonarortung. Die kurzen Wellen treffen das Objekt und geben ein Echo, während die langen Wellen das Objekt umschmiegen und nicht reflektiert werden.

Doch den Schritt von der Theorie zur Praxis zu vollziehen ist nicht so einfach. Der Sinnesapparat des Menschen ist ja, wie wir gesehen haben, begrenzt und nimmt vom gesamten Schallbereich, der den Delphinen zur Verfügung steht, gerade nur den untersten Teil wahr. Hier hilft dem Menschen jedoch wieder einmal jene Fähigkeit, die ihm eine Sonderstellung innerhalb der Natur verschafft hat, die Fähigkeit nämlich, Unzulänglichkeiten in seiner natürlichen Ausrüstung durch die Schaffung entsprechender Werkzeuge auszugleichen und sich so die ihm sonst unzugänglichen Bereiche zu erschließen. Dieser Weg führte uns vom primitiven Werkzeug, das unseren Ahnen half, sich gegen Gewalten und Gefahren der Umwelt zu behaupten, bis zur Schaffung komplizierter Forschungsapparate, die ja nichts weiter sind als verlängerte Gliedmaßen und erweiterte Sinnesorgane.

In unserem Falle ist es die Elektroakustik, die uns die bereits genannten Apparaturen lieferte. Mit ihrer Hilfe waren wir imstande, wenigstens einen Zipfel des Geheimnisses zu lüften, das die Bedeutung des Schalles für die Delphine vor uns verhüllte.

Fassen wir nochmals die Fragen zusammen, die sich uns stellen: Welchen Zweck haben die vom Flußdelphin erzeugten Laute? Dienen sie der Ortung, dienen sie auch der Verständigung? In welchem Bereich spielt sich die Schallerzeugung ab, wie kommt sie zustande, wie wird der Schall gehört und ausgewertet?

Im nachhinein erscheint alles leichter und einfacher. Doch bevor wir zu Resultaten gelangten, standen wir nicht selten vor äußerst verzwickten Problemen. Der Weg von jenem Tümpel auf Tappu, wo wir die Clicks einfach abhörten und aufzeichneten, bis nach Bern, wo wir wissenschaftliche Erkenntnisse aus den Aufzeichnungen gewannen, war nicht nur geographisch gesehen lang und hindernisreich.

Das Grundproblem liegt darin, den Frequenzbereich der Delphinlaute, der die Kapazität des menschlichen Hörbereichs weit übersteigt, für den Menschen wahrnehmbar und damit auch deutbar zu machen. Nur so können die Äußerungen der Delphine analysiert werden. Deshalb muß schon das Hydrophon imstande sein, Frequenzen bis zu 200000 Hz aufzunehmen. Es setzt die Schallschwingungen in schwache elektrische Impulse um, die über ein Kabel ins Akustiklaboratorium geleitet und dort vom Vorverstärker mit größerer Energie versehen werden.

Die auf diese Art umgesetzten und zubereiteten Signale werden dreifach weiterverarbeitet: Zunächst steuern sie einen Elektronenstrahl über den Leuchtschirm eines Oszilloskops und machen auf ihm die den Schallwellen entsprechenden Kurven sichtbar – es geht eine eigene Faszination von ihnen aus, wenn sie, grünlich leuchtend, rasch von links nach rechts wandern. Dazu nehmen wir aus dem Lautsprecher jenen niedrigen Frequenzanteil wahr, der uns zugänglich ist. Dieses hörbare Geräusch ist schwer zu beschreiben. Manchmal klingt es – wir erinnern uns an Tappu – etwa wie Grillenzirpen, oft auch, als würde festgespanntes Seidenpapier zerreißen. Jedesmal wenn solch eine Clickfolge ertönt, wandert das Wellenbild über den Schirm und zeigt uns, daß da, wo wir nur ein sekundenlanges Geräusch hören, ein An- und Abschwellen vor sich geht, ein Hoch und Tief an Tönen, bald laut, bald leise. Unser Ohr ist zu stumpf dafür.

Eine Beobachtung der über den Oszilloskopschirm huschenden oder auf Magnetband gespeicherten Kurven würde außer dem kurzen

Eindruck kein weiteres Resultat liefern. Deshalb werden die Signale in einer zweiten Apparatur, dem Pegelschreiber, aufgezeichnet. Anstelle des Elektronenstrahls wird hier ein Schreibstift von den eintreffenden Impulsen gelenkt. Er zeichnet auf einen vorbeigleitenden Papierstreifen die Amplituden der Delphinsignale auf, d. h. die Kurve der Lautintensität, die sich ja gleichfalls laufend verändert, also an- und abschwillt.

Schließlich werden mit dem Magnetophonapparat Bandaufnahmen hergestellt. So haben wir die Laute der Delphine auf verschiedene Arten festgehalten und können sie systematisch analysieren, wobei die ebenfalls aufgezeichneten Beobachtungen über das Verhalten der Delphine mitverwendet werden. Im Frequenzanalysator können mit elektronischen Filtern einzelne Frequenzen aus dem breiten, vom Delphin erzeugten Lautspektrum herausgesiebt werden. Mit diesem Apparat konnten wir feststellen, daß das Schallfeld des Sonarapparates in seinem Querschnitt nicht homogener Natur ist, sondern einen Fächer verschieden hoher Frequenzen bildet.

Einfache Kniffe halfen uns, zu den Untersuchungsergebnissen zu gelangen. Es handelte sich ja darum, einen so rasch ablaufenden Vorgang wie den nur wenige Millionstelsekunden dauernden Click immer wieder und genau zu analysieren. Dazu wird aus der Magnetophonreihe jenes Stück herausgeschnitten, das eine bestimmte, für uns wichtige Impulskette umfaßt. Aus diesem Stück wird durch Zusammenkleben des Anfangs und des Endes eine Schleife gemacht, die nun ununterbrochen abgespielt werden kann. Dadurch kann jeder einzelne Click, der einem ganz bestimmten Verhalten des Delphins zugeordnet ist – Kommentar der optischen Beobachtung! –, auf bestimmte typische Einzelheiten hin untersucht werden.

Die mit normaler Geschwindigkeit aufgenommene Impulsfolge kann gedehnt werden, indem man das Tonband einfach mit geringerer Geschwindigkeit abspielt. Durch Überspielen auf ein anderes Tonbandgerät und Wiederholen dieser Prozedur kann das Signal so lange weitertransformiert werden, bis die Clicks einzeln als Knacke hörbar sind. Natürlich wird dabei auch die Wellenlänge des Signals gedehnt, wodurch, wie wir früher gesehen haben, die Frequenzen niedriger werden und ganz in unseren Hörbereich fallen. Nicht anders verhält es sich, wenn wir eine alte Schellackplatte nehmen und sie statt mit 78 mit 33 oder 16 Umdrehungen abspielen. Wir hören dann, wenn ein Schauspieler eine Ballade rezitiert, nur noch ein tiefes, unverständliches Gebrummel und Gebrabbel, und aus einem Sopran wird ein Kontrabaß. Aber es handelt sich immerhin um ein nach feststehenden Gesetzen hergestelltes «akustisches Modell», dem vor allem Erkenntnisse über den zeitlichen Ablauf oder die innere Gliederung des Originals abgewonnen werden können.

Doch hätten wir niemals so schöne Resultate erzielen können, wenn uns nicht etwas Unerwartetes zu Hilfe gekommen wäre – der schon beschriebene Spieltrieb unserer Flußdelphine. Weil die Tiere es lieben, am Hydrophon vorbeizustreifen oder es für Sekunden in den Schnabel zu nehmen, konnten wir ganz grundlegende Fakten ans Licht bringen.

Spielerisch, so könnte man sagen, zerstörte die Platanista jene aus den USA stammenden Theorien über Schallerzeugung und Hören der Delphine, Theorien, die sich wie ein Bazillus verbreitet haben und, resistent gegen alle Erkenntnis, heute sogar in der Wissenschaft herumgeistern.

Aber an die Arbeit!

Und das bedeutet vor allem: beobachten. Oft saßen wir abwechselnd Tag und Nacht an den Apparaten oder standen am Beckenrand, fertigten Protokolle an und machten Aufnahmen. Tonaufnahmen, Filmaufnahmen, Photos, Sonogramme, Frequenzbilder. Viele Wochenenden opferten meine Mitarbeiter Frau Doktor Kraus und Frau Doktor Gihr zusammen mit Karl Zbinden, um keine Unterbrechung in den Beobachtungen eintreten zu lassen. Die verschiedenen Aufzeichnungen wurden in einer Art «brainstorming» analysiert. Theorien wurden aufgestellt und wieder verworfen. Hypothesen anderer Forscher wurden auf ihren Wahrscheinlichkeitsgehalt hin überprüft. Wir arbeiteten mit Gastforschern zusammen. Wir sezierten und untersuchten die mitgebrachten Präparate und verglichen die Ergebnisse mit den Beobachtungen an den lebenden Tieren. Wir suchten umgekehrt anhand der Präparate die Funktion der Organe und damit die Ursachen der Verhaltensweisen der Delphine verstehen zu lernen. Wir stritten miteinander. Und vertrugen uns doch wieder.

Über allem stand Beharrlichkeit. Jedes einzelne Resultat war nur aus der Summe vieler und verschiedenster Einzeluntersuchungen zu gewinnen. Durch Mißerfolge durften wir uns nicht beirren lassen. Wenn eine Versuchsreihe mißlang und einer von uns aufgeben wollte, begann ein anderer von vorn und gab den Kollegen neuen Mut.

Zunächst zeigte ein Vergleich der auf Tappu oder im Indus gemachten Aufnahmen der Delphinlaute mit den Aufnahmen der in Gefangenschaft lebenden Delphine, daß sie sich nicht wesentlich voneinander unterschieden. Also konnten sämtliche Laboraufnahmen vollgültig für die Untersuchungen herangezogen werden.

Vor allem mußten nun parasitäre Geräusche erkannt und eliminiert werden. Dabei handelt es sich nicht allein um solche, die im Becken durch die Wellen oder durch das Umwälzsystem entstehen und eine stete Statik verursachen. Diese ist als solche leicht zu erkennen. Doch gab uns besonders die Elektronik manche Rätsel auf, die erst durch systematische Fehlersuche geklärt werden konnten. Schwieriger noch ist es zu bestimmen, welcher Laut welchem Delphin zuzuordnen ist. Oder ob es sich um ein Originalsignal oder dessen Echo handelt. Ein Kapitel für sich stellt das Herausfiltern der Frequenzen dar. Man kann den Delphin ja nicht in günstiger Position fixieren und ihn zum Rufen veranlassen. Die Tiere sind einmal hier, einmal da. Sie halten den Kopf niemals still. So verändern sich Art und Intensität ihres Signals laufend. Die Struktur des Schallbündels konnte nur aus einer Unzahl genauester Teilbeobachtungen ermittelt werden. Es war ein viele Monate währendes Puzzle.

Röntgenaufnahme der Brustflosse der *Platanista indi.*

Aber die einzelnen Mosaiksteinchen ergaben zusammengetragen ein Bild. Eigentlich ein völlig neues Bild, denn wie wir erkennen mußten, sind viele der in der Literatur vertretenen Anschauungen ganz einfach falsch. Manche der Schlagzeilenautoren hatten sich auf Einzelprobleme spezialisiert, jeder ritt gleichsam sein Steckenpferd, und dabei hatten sie das Ganze übersehen. Biosonar, Anatomie, akustische Gesetze und Verhalten der Delphine wurden selten als Gesamtkomplex betrachtet, wodurch sich nicht nur falsche Interpretationen, sondern sogar falsche Beobachtungen einschleichen konnten. Nicht zuletzt spielte hier oft der Wunsch mit, in den Delphinen eine Art Menschen im Meer zu sehen. So wurden Analogien gezogen, die falsch sein müssen, weil es sich einfach um ein für ein anderes Milieu bestimmtes und daher gänzlich anders organisiertes Lebewesen handelt. Dann aber gab es auch wieder Forscher, die meinten, sie könnten die ganze Anatomie der Landsäugetiere über Bord werfen, wenn es um Delphine ging.

Abstrus ist z. B. jene Theorie, die besagt, daß die Delphine ihre Laute mittels der an den Nasengang anschließenden akzessorischen Luftsäcke und nicht mit dem Kehlkopf erzeugten. Nach dem Dudelsackprinzip. Aber nichts in der Natur ist überflüssig, das Überflüssige wird – wie wir am Auge der Platanista gesehen haben – reduziert. Und die Delphine besitzen einen außerordentlich entwickelten Kehlkopf, wenn auch keine Stimmbänder – doch wurde schon vor langem am Beispiel der Fledermaus bewiesen, daß sie, auch wenn man ihr die Stimmbänder entfernt, noch immer ihre Ultraschallschreie produzieren kann. Um nun ganz sicherzugehen, bliesen wir durch das Präparat eines Platanista-Kehlkopfes mit dazugehörigem Nasengang unter Wasser Luft. Prompt konnten wir die einem Lautsignal des lebenden Delphins entsprechenden Frequenzen aufzeichnen – obgleich wir die nasalen Luftsäcke entfernt hatten. Mit der Dudelsacktheorie ist es also nichts. Diese Nasalsäcke wären schon rein morphologisch zur Schallerzeugung völlig ungeeignet, sie besitzen keine Muskeln zur Modulation der Töne, weder Membran noch schwingende Bänder, noch könnten sie infolge ihres

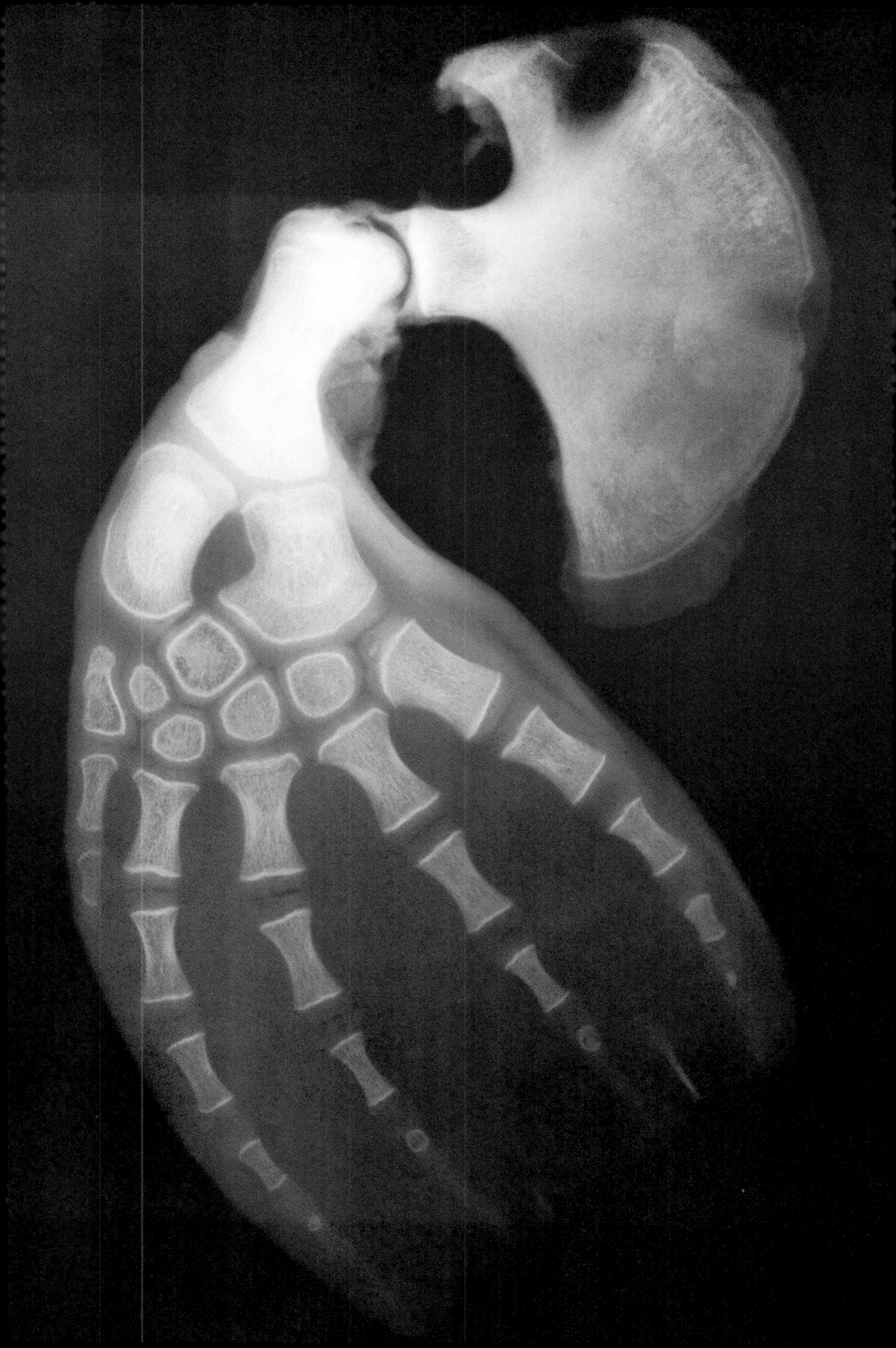

Röntgenaufnahme eines Embryos der *Platanista gangetica* mit Nabelstrang und Placenta.

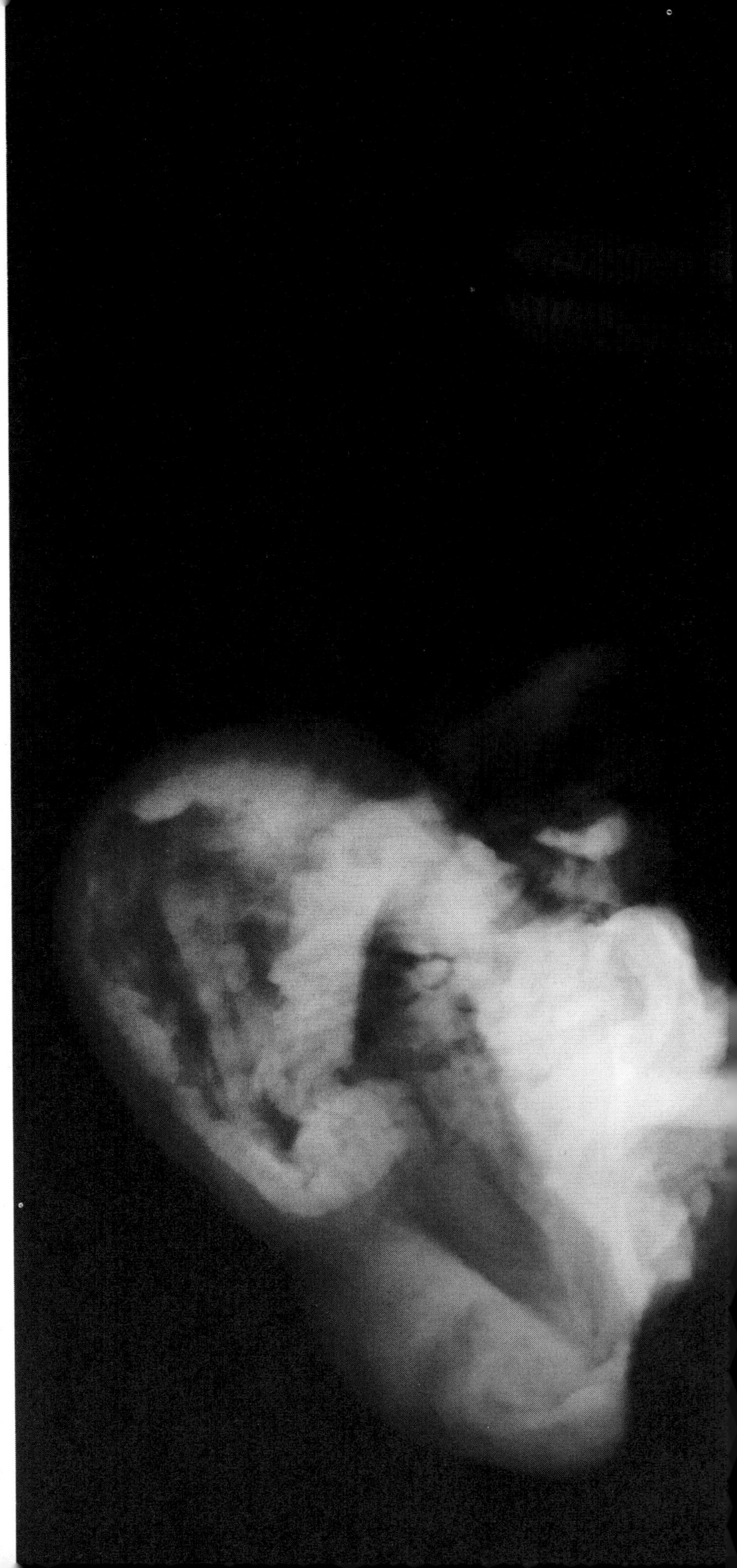

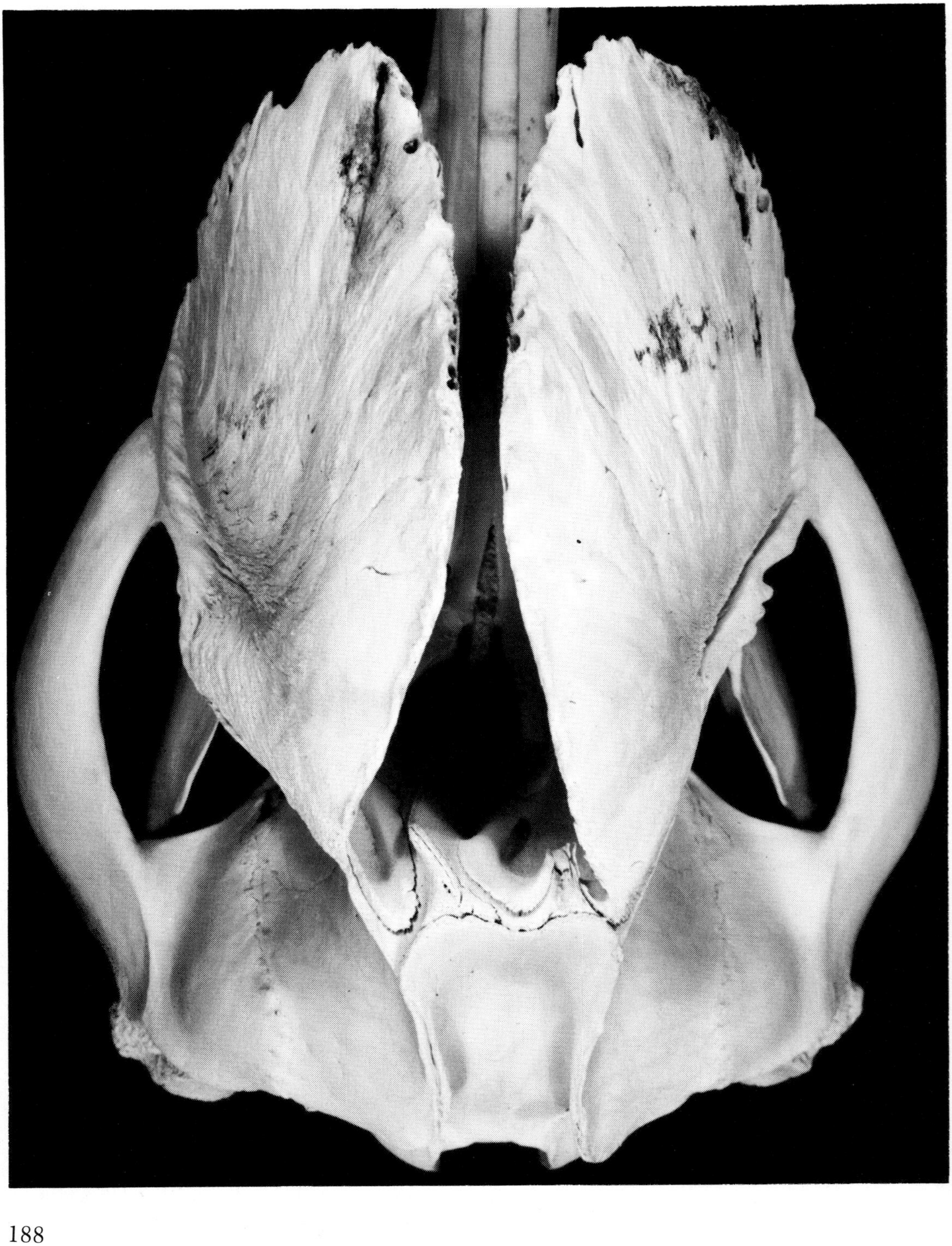

Maxillarkämme der *Platanista gangetica* in Großaufnahme. Im keilförmigen Bereich zwischen den Kämmen ist der paarige Nasengang zu erkennen.

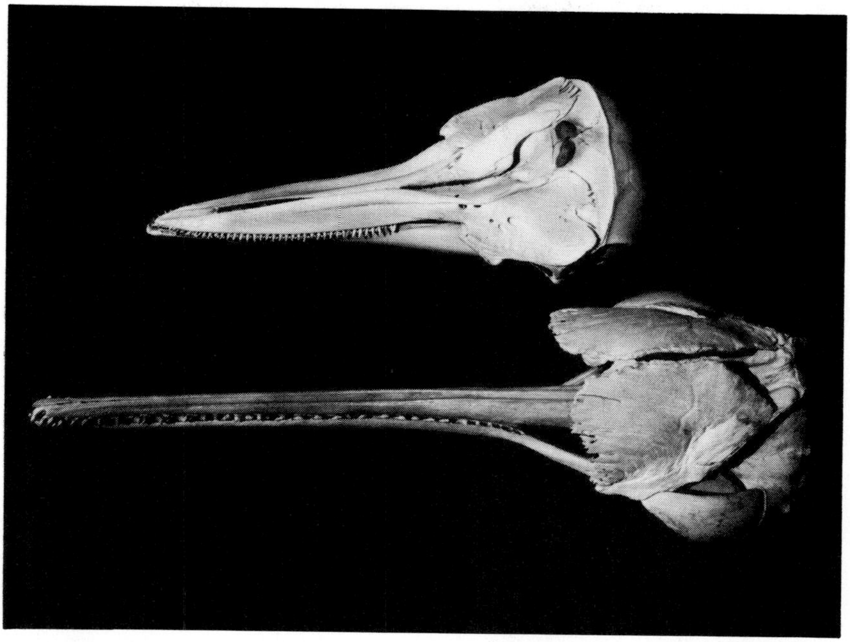

Schädel des gemeinen Delphins *(Delphinus delphis)* und der *Platanista indi* mit den charakteristischen Maxillarkämmen.

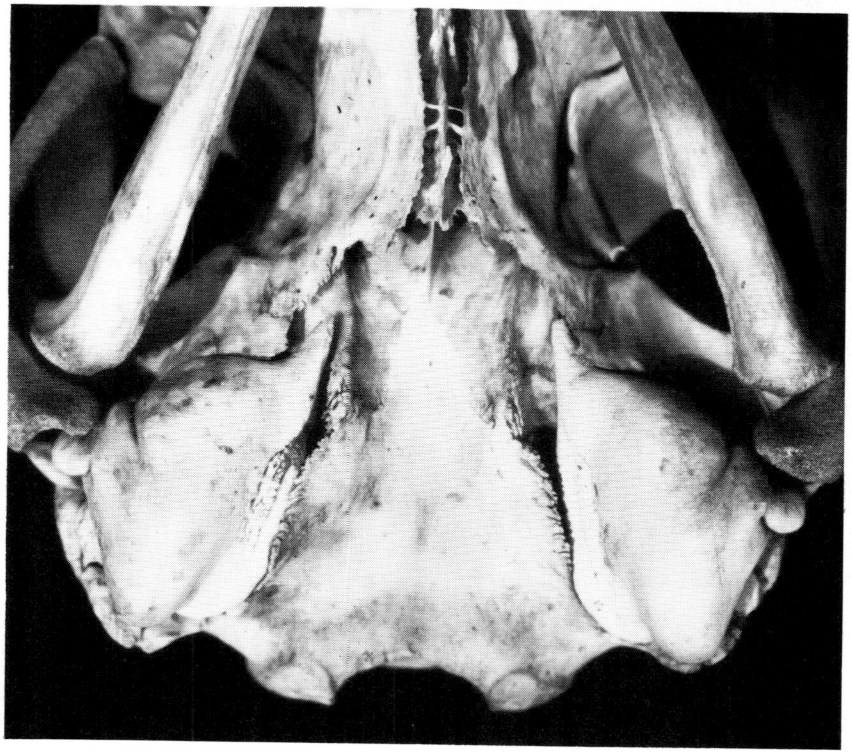

Schädelbasis von *Platanista indi* mit den enorm entwickelten Gehörknochen.

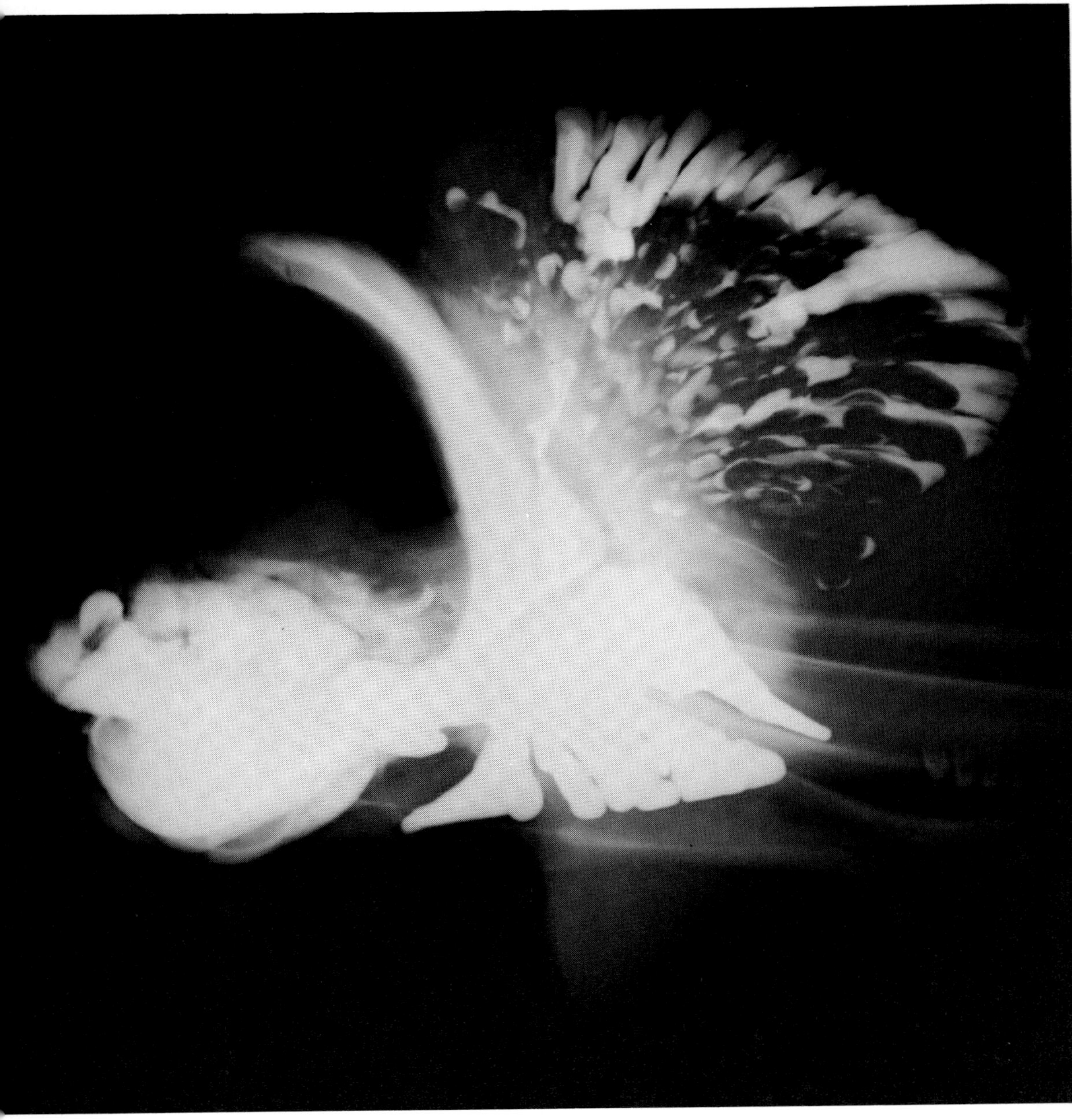

Das System der im Kopf befindlichen Hohlräume zur Schallisolierung. Röntgenbild mit teilweiser Lipiodolfüllung.

Totale Füllung
(nach PURVES
und PILLERI, 1973).

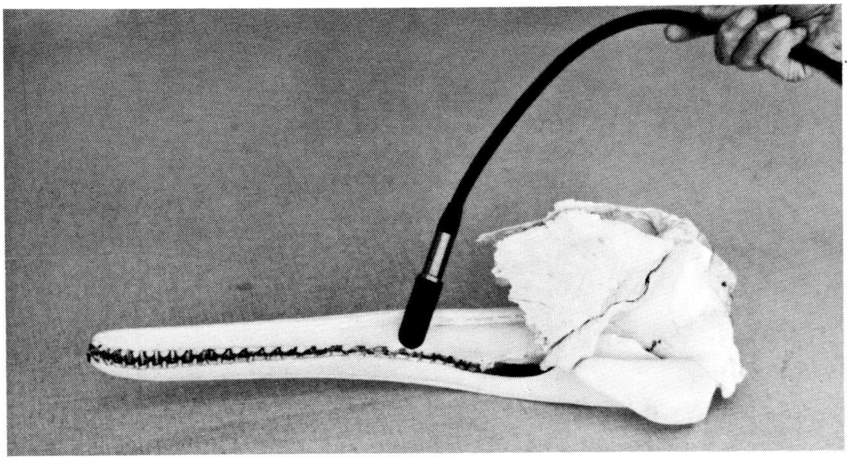

Am Schädel
demonstriert:
Gegenüberstellung von
Hydrophonlage und
entsprechendem
Oszillogramm.

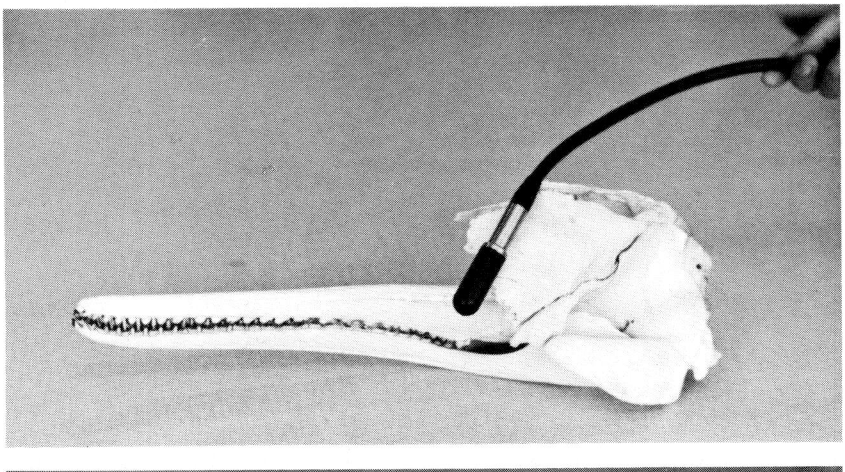

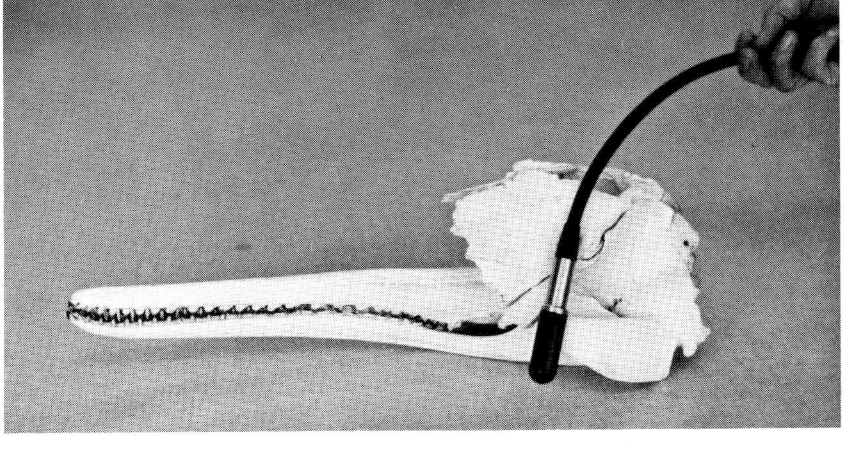

Besonders deutlich am unteren Oszillogramm zu erkennen: das plötzliche Verstummen der Signale, sobald das Hydrophon die Schallisolation im Schädel des Delphins erreicht hat.

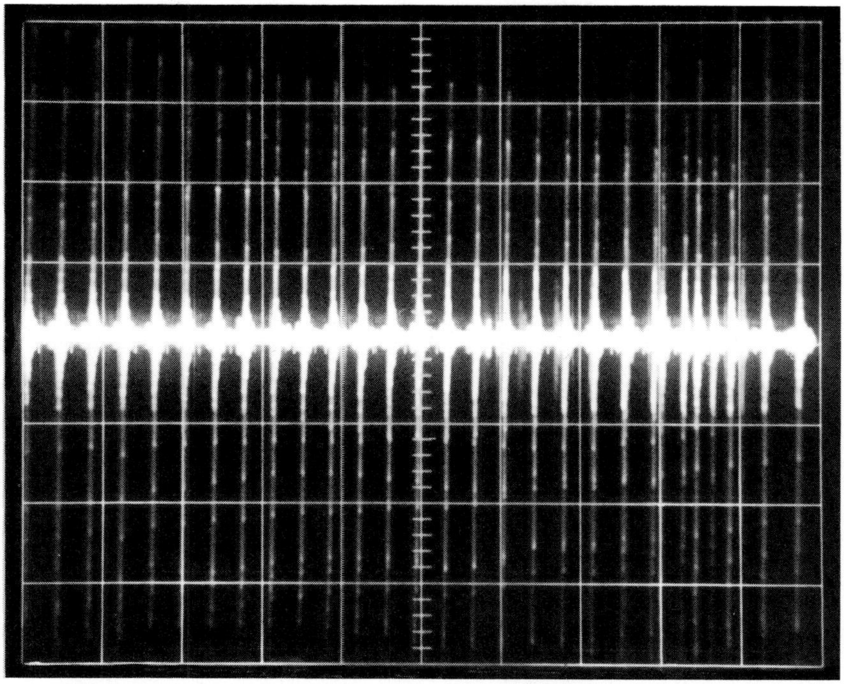

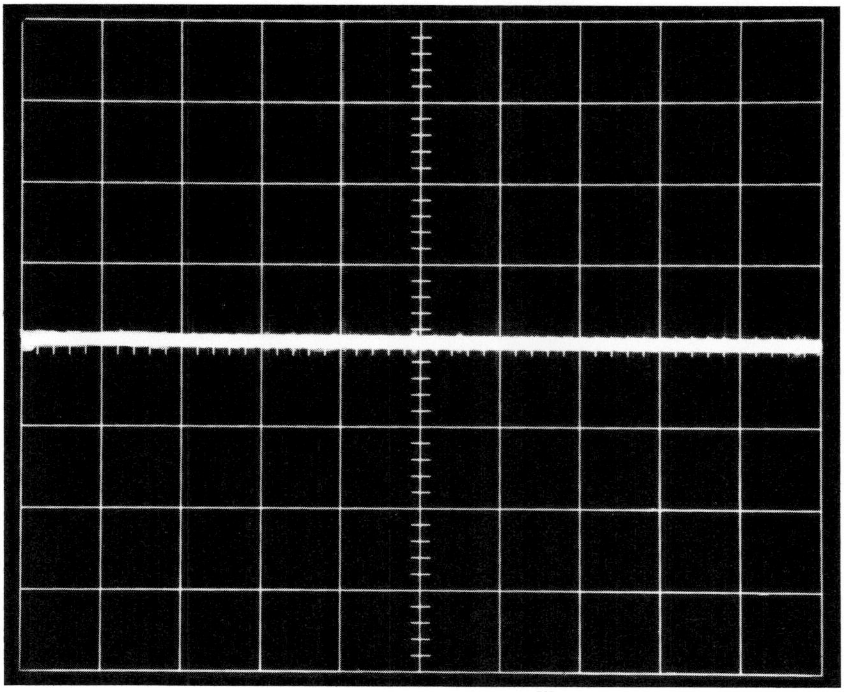

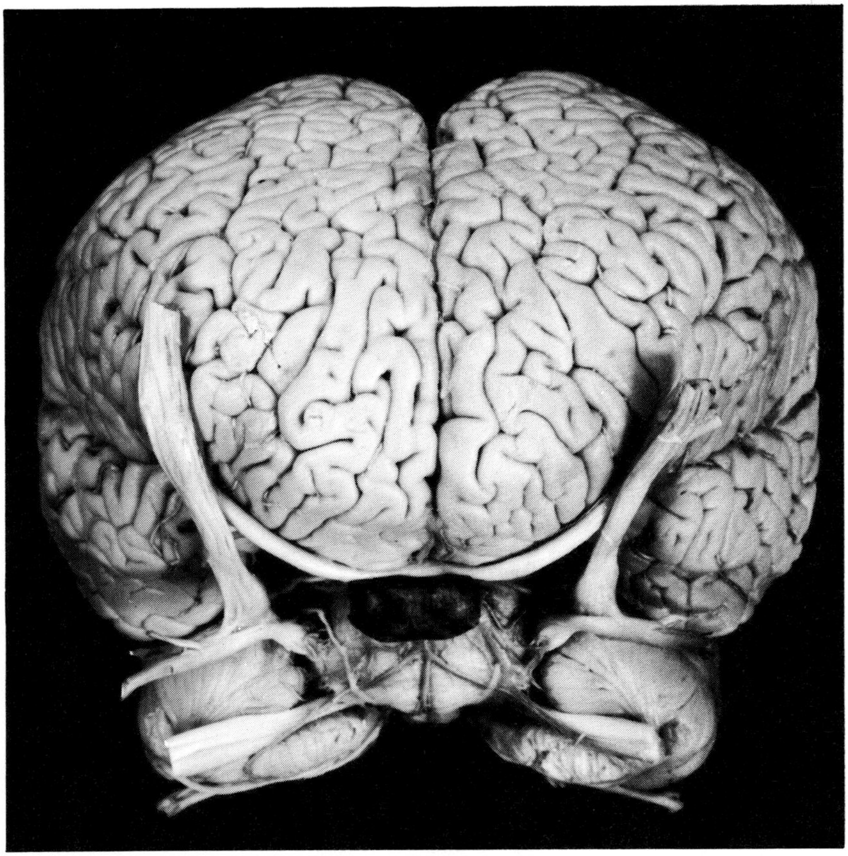

Das mächtig entwickelte Gehirn des Tümmlers, *Tursiops truncatus* (Hirngewicht 2300 g).

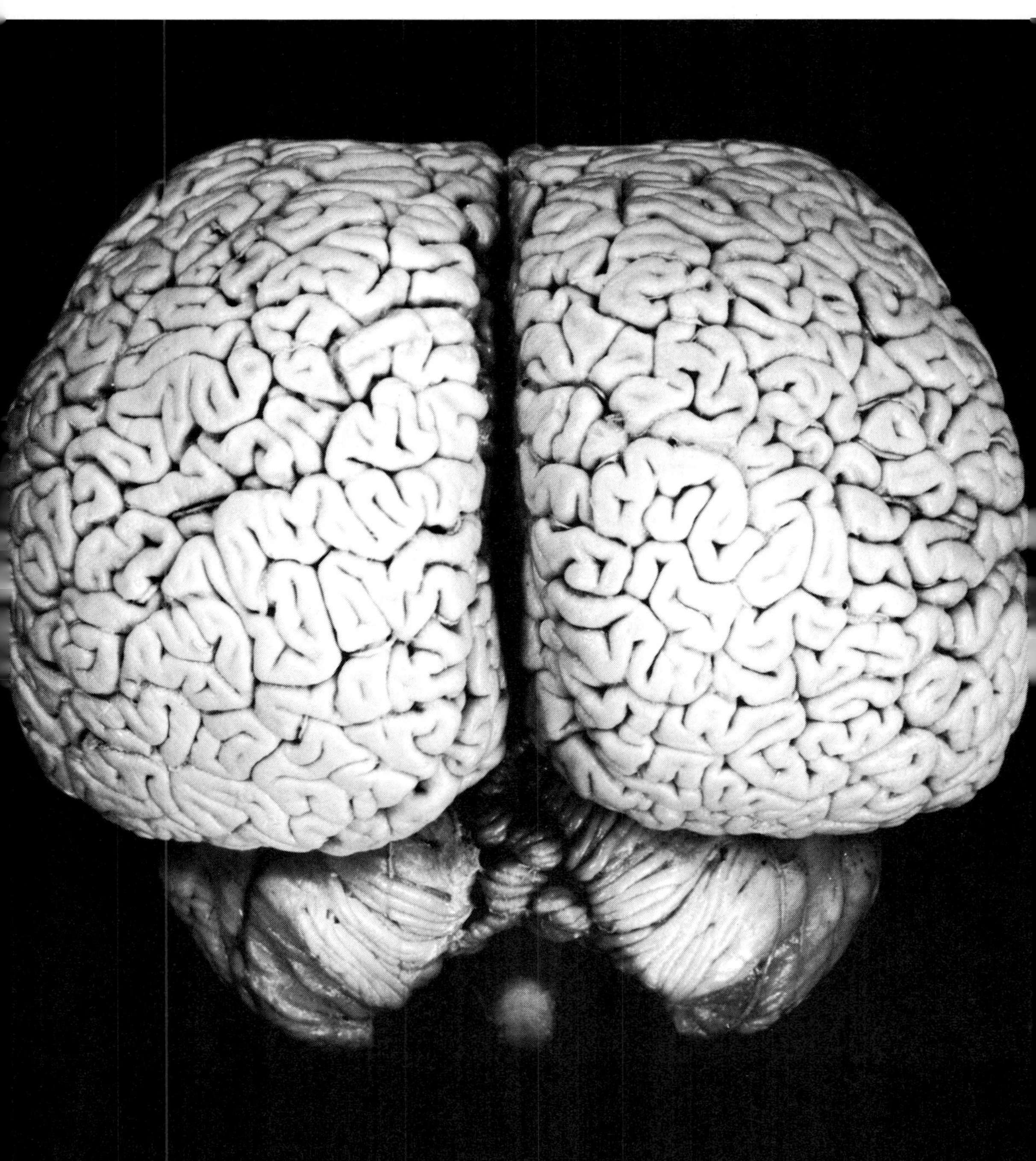

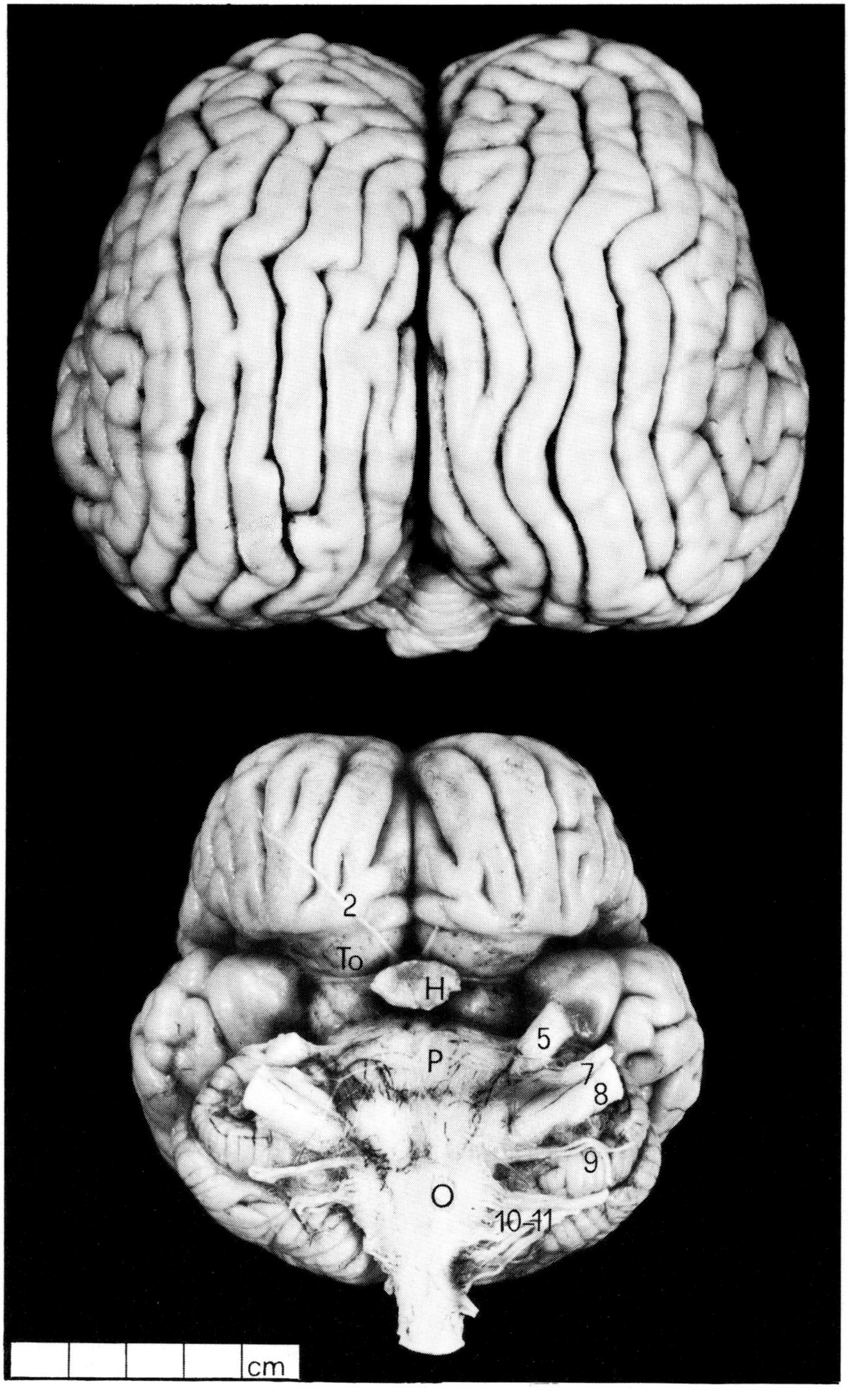

Gehirn der *Platanista indi* von oben und von unten. 2 Der fadendünne Sehnerv, 8 der mächtige Hörnerv.

Vergleich zwischen dem Gehirn der *Platanista indi* (250 g) und dem des Tümmlers (2300 g). Beim Tümmlergehirn ist die Furchung viel ausgeprägter.

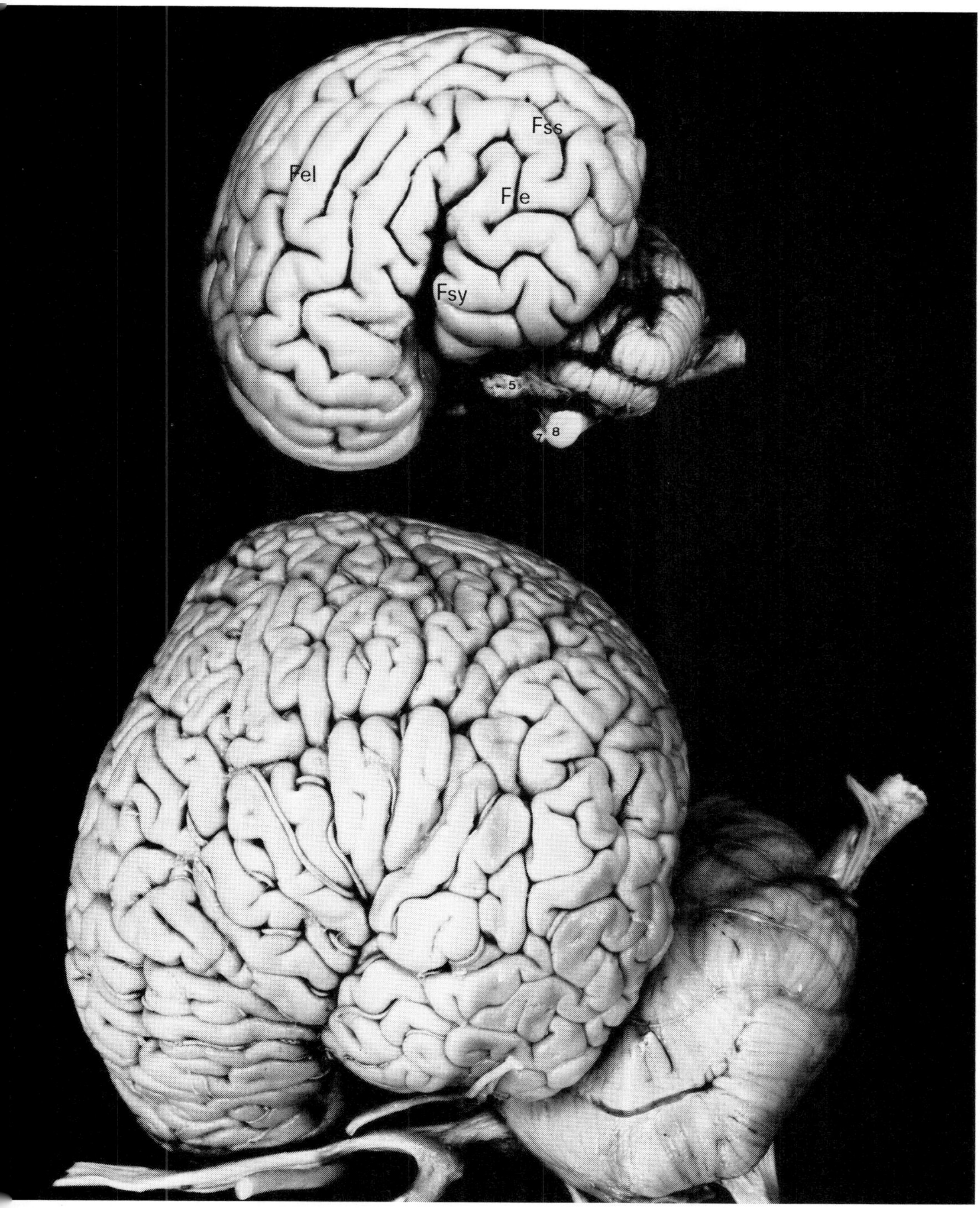
Fel
Fss
Fe
Fsy
5
7
8

Links oben:
Serie von fünf Clicks.
Der Pfeil zeigt das auf
den Click folgende
Echo.

Links Mitte:
Regelmäßige Aussendung von Signalen;
bei einigen sind die
Echos zu erkennen.

Unten:
Kette von Signalen mit
Sendepausen.

Rechts oben:
Einzelclick der
Platanista auf dem
Oszilloskopschirm. Die
Höhenausdehnung
entspricht der Lautstärke, die Längenausdehnung spiegelt
die Frequenz wider
(30 μ sec/div.).

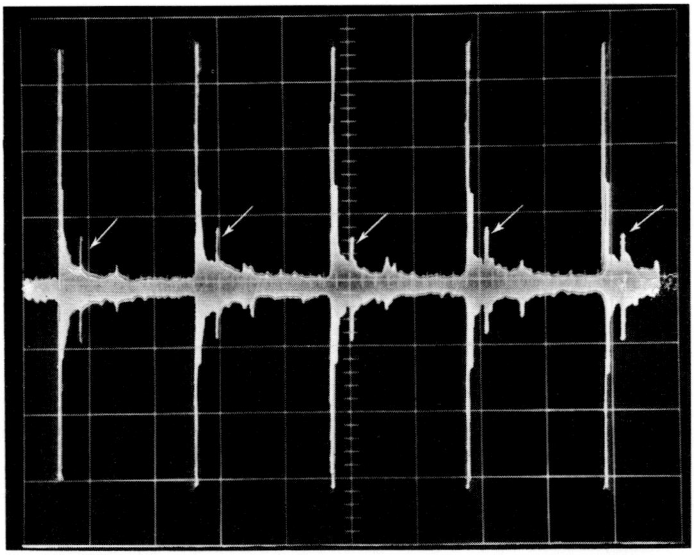

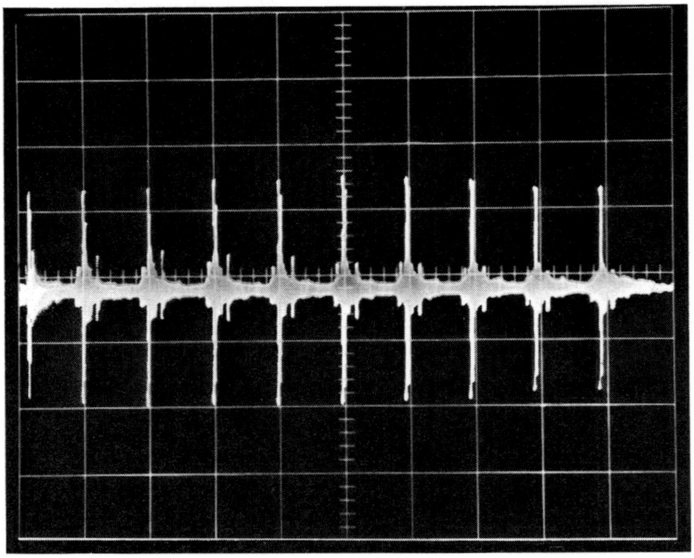

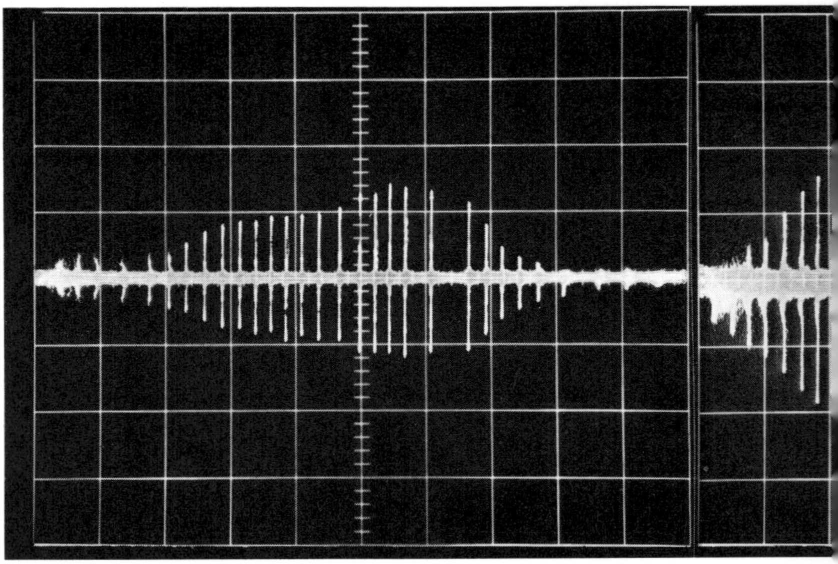

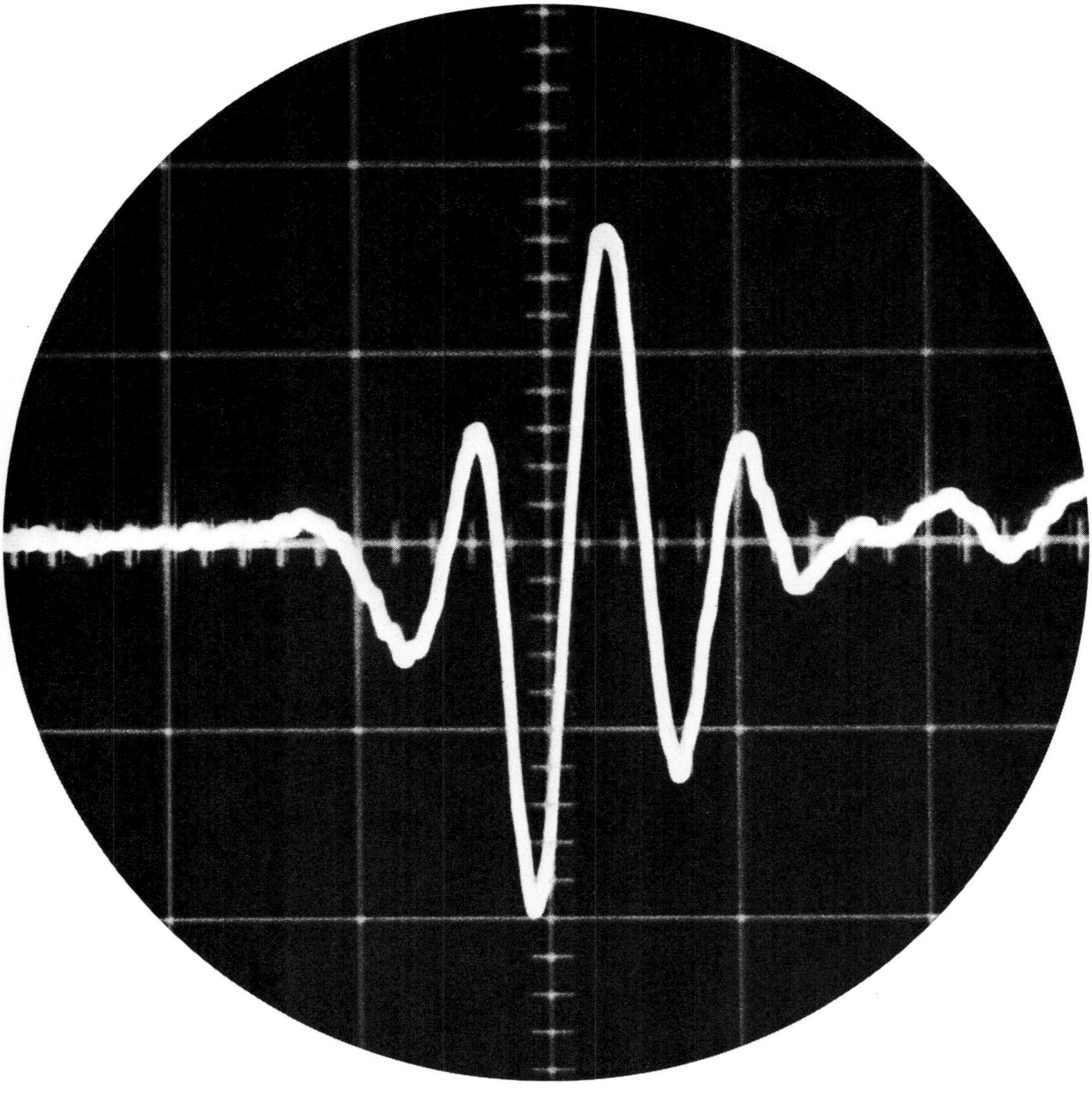

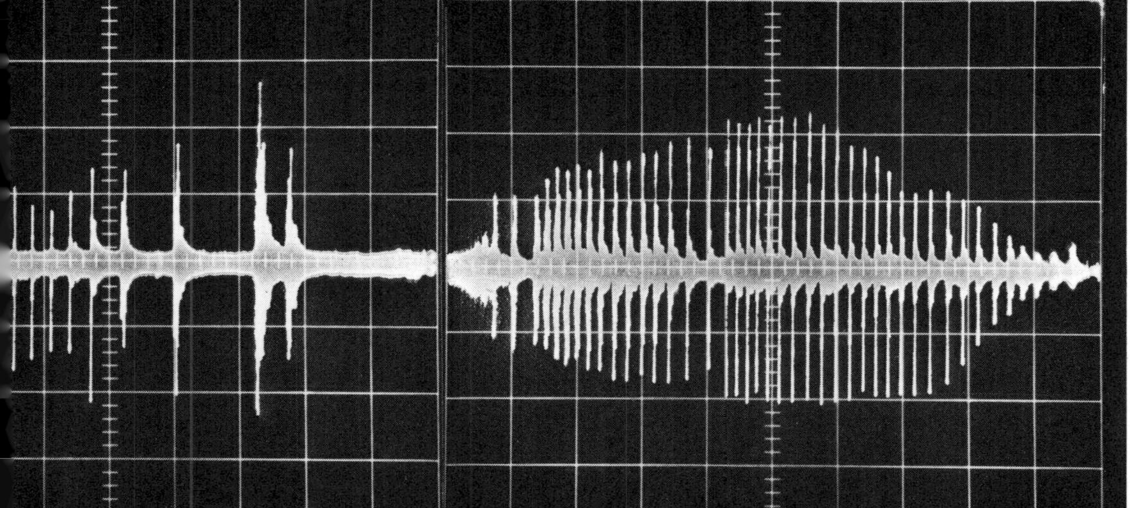

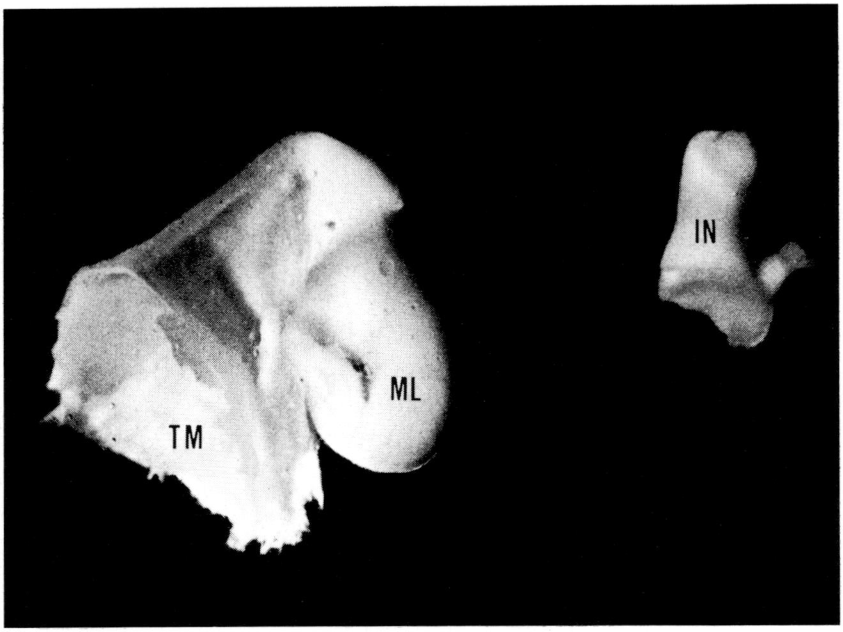

Die Gehörknöchelchen der Platanista. Der Hammer (ML), der besonders stark mit dem Trommelfell (TM) verwachsen ist. Auch der Amboß (IN) ist vergleichsweise viel robuster als bei Landsäugetieren.

Aufgeschnittenes Mittelohr der Platanista mit dem robusten, trichterförmigen Trommelfell (TM). Dahinter der Schwellkörper (CCT), der das Mittelohr zur Schallisolierung gegen die nasalen Hohlräume abschließt (nach PURVES und PILLERI, 1973).

Aufbaues einen Ton nach dem Pfeifenprinzip erzeugen. Sie dienen, wie der englische Forscher Purves nachweisen konnte, zur Luftspeicherung und Luftregulierung.

Aber das ist nur ein Beispiel.

Die anatomischen Befunde ergaben, daß der Kehlkopf, als oberes Ende der von der Lunge kommenden Luftröhre, den Verdauungsweg wie ein Zapfen durchquert und in den unteren Teil des Nasenganges hineinragt, wo er von einem Ringmuskel festgehalten wird. Wird Luft durchgepreßt, so entstehen im verlängerten Endteil des Kehlkopfes die ultrahohen Schallfrequenzen. Dies geschieht ähnlich wie bei der Zungenpfeife, bei der durch die vorbeiströmende Luft ein Metallzünglein zum Schwingen gebracht wird. Schluckt das Tier, so zieht sich der Kehlkopf reflexartig zurück, um die Speiseröhre für den Nahrungsdurchgang freizugeben. Eine andere Dudelsacktheorie – diesmal transozeanischen Ursprungs – besagte, daß ein geschluckter Fisch seitlich vom festsitzenden Kehlkopf passiere.

Aber die Delphine lieferten in eigener Sache einen Gegenbeweis, als sie sich das Hydrophon in die Kehle gleiten ließen. Sobald der Schluckreflex einsetzte, hörten die Clicks auf. Umgekehrt erreichten sie ein Maximum an Intensität kurz vor Beginn des Schluckreflexes. Gaben die Delphine das Hydrophon frei, so setzten die Clicks spontan wieder ein. Das gleiche konnten wir bei der Handfütterung beobachten, als wir das Hydrophon hinter dem Fisch versteckten.

Ein Vergleich der Schallaufnahmen mit den gleichzeitig angefertigten Positionsskizzen oder Videoaufnahmen, wenn die Delphine das Hydrophon den Schnabel und den Schädel entlanggleiten ließen, wies ebenso eindeutig auf den Kehlkopf als Schallquelle hin.

Das Blasloch wird während des Tauchens durch einen muskulösen Hautlappen automatisch verschlossen, um das Eintreten von Wasser in den Nasengang zu verhindern. Dadurch ist aber auch ein Austreten von Luft unmöglich, und so kann das Tier über zwei im Nasengang entspringende Kanäle Luft in jene umfangreichen Hohlräume pressen, die das System entlang der *Crista maxillaris* bilden – in jene Hohlräume, die wir nach Injizieren von Lipiodol in der Röntgenaufnahme deutlich sichtbar machen konnten. Während nun das Fett im Melon und das Knochen-, Muskel- und Hautgewebe des Schädels vorzügliche Schalleiter sind, reflektieren diese Luftsäcke gemäß den Gesetzen der Akustik die Schallwellen zu mehr als 99 Prozent, schirmen also gegen oben und hinten ab.

Da es an der Schädelbasis nur seitlich des Kehlkopfes und der Gehörorgane Luftpolster gibt, kann der Schall einzig und allein nach vorne und kehlseitig austreten. Das deckt sich genau mit dem Verhalten der Platanista, die bei näherem Erfassen eines georteten Objekts nicht den Schnabel darauf richtet, sondern ihm die Kehlgegend

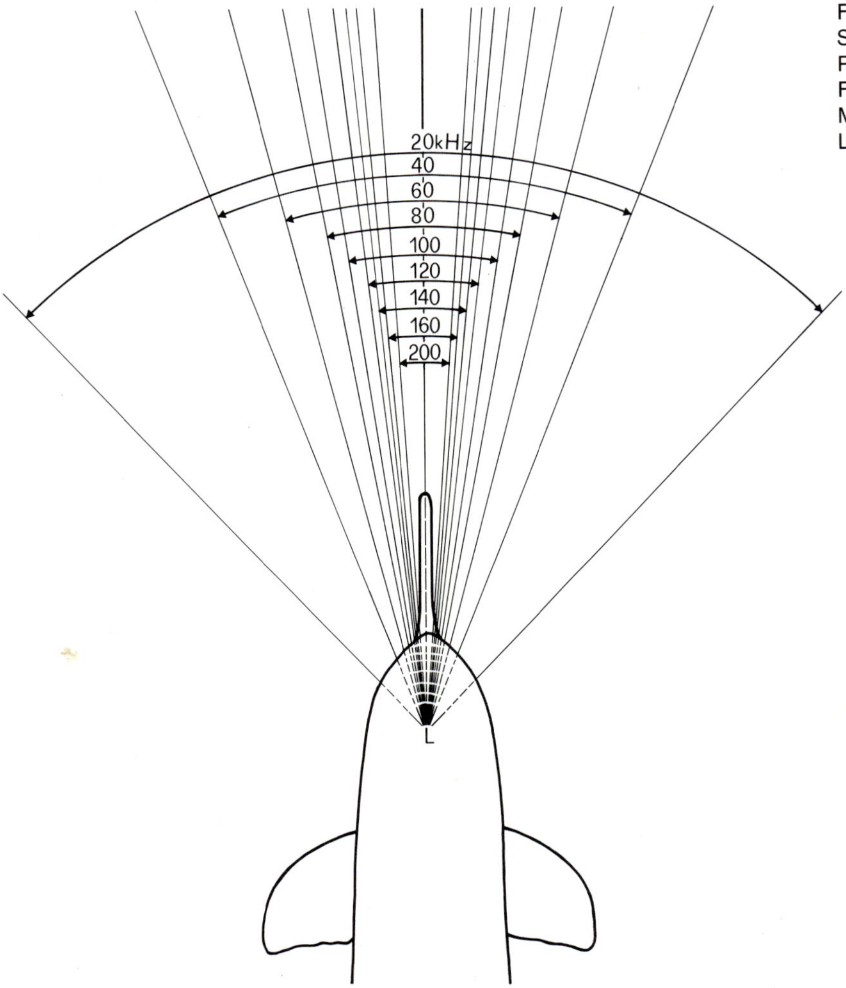

Frequenzstruktur des Schallkegels der Platanista. Die hohen Frequenzen sind in der Mitte gebündelt.
L = Lage des Kehlkopfes.

zuwendet. Kehlseitig, in einem Winkel von etwa 35 Grad zur Schnabelachse nach unten zu, ist auch, wie die Hydrophonmessungen ergaben, die Intensität des Schallbündels am stärksten.

Das Sonarfeld umfaßt in der Horizontalebene des Körpers einen Winkel von rund 80 Grad, was wiederum dem Neigungswinkel der beiden pneumatischen Maxillarkämme entspricht. Dabei ist, wie schon festgestellt, das Schallfeld nicht homogen, sondern innerhalb seiner Bündelung entsprechend dem Huygensschen Gesetz noch strukturiert. Im Zentrum verläuft die höchste Frequenz von 200 kHz, nach außen zu nimmt die Frequenz ab, um am Rande des Schallbündels bei weniger als 20 kHz zu verebben.

Damit ist das Tier durch das breite Feld mit den niedrigen Frequenzen zu einer umfassenden Fernortung wie auch, mittels des enggerichteten Hochfrequenzbündels, zu einer sehr genauen Nahortung befähigt. Die niederfrequenten Wellen haben ja eine größere Reichweite, während der hochfrequente Schall wiederum ein differenzierteres Auflösungsvermögen für die Bestimmung von Natur und Struktur des georteten Objekts bietet. Wie bestätigen das die Delphine? Wird ein Hindernis über einen größeren Abstand hinweg geortet, so schwimmen sie darauf zu, pendeln durch ihre Kopfbewegungen den hochfrequenten Schallstrahl auf das Objekt ein und untersuchen es unter Umständen kurz, indem sie ihm ganz in der Nähe bewegungslos die Kehle zuwenden.

Wie aber nimmt ein Delphin den aus seiner Umgebung kommenden Schall auf, also auch die von seinen Signalen zurückkehrenden Echos?

Auch hier hat Forschergeist wieder mit einer Dudelsacktheorie zugeschlagen: Der Schall, so besagt dieselbe, wird vom Unterkiefer aufgenommen und durch Knochenleitung dem Innenohr zugeführt. Beweis: Der Gehörgang ist bei Delphinen und Walen zurückgebildet, worauf seine Enge hinweist. Außerdem sind Trommelfell und Gehörknöchelchen bei diesen Tieren entartet, vergröbert, verknöchert und daher stark versteift und unfähig, eintreffenden Schall weiterzuleiten.

Sehen wir uns zunächst wieder die genauen anatomischen Befunde an, und bringen wir sie mit den Gesetzen der Akustik in Zusammenhang. Jawohl, es stimmt, daß der äußere Gehörgang sehr eng ist. Aber...

Er ist beim lebenden Tier zur Gänze mit Wasser gefüllt, das, wie wir wissen, für Schall eine vorzügliche Leitfähigkeit besitzt. In Anbetracht des, wie wir noch sehen werden, höchst lautempfindlichen Innenohres wäre ein weiter Gehörgang für diese Tiere geradezu ein Folterinstrument. Der zugeleitete Schall würde in seiner Intensität die Aufnahmekapazität des doch für feine Differenzierung ausgelegten Innenohres weit übersteigen. Und weiter: Obwohl keine Ohrmuscheln vorhanden sind, gibt es noch durchaus funktionsfähige Ohrmuskeln, wie mein Freund Dr. P. E. Purves vom British Museum bei vielen Zahn- und Bartenwalen nachweisen konnte. Diese Muskeln sind auch bei der Platanista vorhanden, und sie dienen dazu, den Verhältnissen entsprechend durch Variieren der Hautspannung im Gehörgang das Leitungsvermögen zu erhöhen oder zu vermindern.

Das Trommelfell ist tatsächlich sehr robust, trichterartig und ausgedehnt, die Substanz der Gehörknöchelchen Hammer, Amboß und Steigbügel, welche die Schwingungen vom Trommelfell abnehmen und dem Innenohr zuleiten, ist tatsächlich kompakter als bei

Landsäugern, ja vielfach sind die Gehörknöchelchen sogar miteinander verwachsen.

Ein Beweis für ihre Funktionsunfähigkeit?

Nehmen wir eine Violinsaite und versetzen wir sie in Schwingung. Ist die Saite locker, so entsteht ein tiefer Ton. Spannen wir sie, so wird der Ton höher. Und achten wir auch darauf, daß jene Saite der Violine, die für die tieferen Töne bestimmt ist, umwickelt, also nicht so kompakt und straff ist wie die für die hohen Töne, die aus einem einzigen Draht besteht. Also muß umgekehrt ein dichtes, sehr kompakt und straff formiertes Gewebe zur Aufnahme hoher Frequenzen geeigneter sein als ein lockeres, weiches. Dem Medium Luft und dem niedrigen Frequenzbereich entspricht eher eine gleichsam zartere, schlaffere Konstruktion, wie sie etwa das menschliche Ohr aufweist.

Bei der Platanista ist wie bei allen Walen und Delphinen das Innenohr ideal für die Aufnahme supersonischen Schalls gebaut: Es ist ganz in eine nahezu eiförmige, knöcherne Kapsel, die sogenannte *Bulla,* gebettet. Diese ist ringsum von Lufträumen umgeben, sie hängt gewissermaßen frei im Schädel und ist auf diese Weise gegenüber dem sie umgebenden Gewebe und dem Larynx vorzüglich schallisoliert. Ein weiteres Argument gegen die Knochenleitungstheorie: Die Verbindung der Mittelohrkammer mit den übrigen pneumatischen Räumen – Nasennebenräume, pneumatische Crista, aber auch die in die Nasenhöhle führende Eustachische Röhre – wird durch einen arteriovenösen Schwellkörper, ein Wundernetz (rete mirabile), getrennt und schallisoliert, so daß tatsächlich nur der über Gehörgang und Gehörknöchelchen eintreffende Schall zum Innenohr weitergeleitet wird.

Jedes Ohr ist somit nicht nur gegen im Schädel selbst weitergeleiteten Schall isoliert, sondern auch gegenüber seinem «Kollegen» auf der anderen Kopfseite. Letzteres ist vor allem im Hinblick auf das Richtungshören wichtig, bei dem durch das Lautstärkegefälle des Schalles von einer Seite zur anderen und den Zeitunterschied, mit dem der Schall bei dem einen und dem anderen Ohr eintrifft, die Position der Schall- oder Echoquelle ermittelt werden kann.

Das also dürfte die Wahrheit über die Schallerzeugung und den Schallempfang bei der Platanista und anderen Wal- und Delphinarten sein. Von Art zu Art mögen Unterschiede bestehen, das Prinzip aber ist in allen Fällen das gleiche, so wie es auch als erwiesen anzusehen ist, daß Außen- und Mittelohr sich ihre Funktionsfähigkeit erhalten haben.

Daneben gibt es noch mehr Bemerkenswertes. So etwa, daß der Gehörnerv dieser Tiere ganz enorm ausgebildet ist. Finden sich im menschlichen Gehörnerv etwa 50 000 Fasern, so besteht der Gehörnerv eines Pottwales *(Physeter catodon)* aus rund 200 000 Nervenfasern.

Die Empfindlichkeit des Gehörgangs und das Leistungsvermögen des Sonarsystems der Platanista werden allein schon dadurch eindrucksvoll demonstriert, daß sie selbst bei ruhigem Schwimmen 20 bis 40 Sonarclicks pro Sekunde aussendet und ein Vielfaches an Echos empfängt und verwerten kann. Bei Panik steigt die Anzahl der Clicks auf 60 pro Sekunde, und werden Gegenstände ins Becken eingeführt, die ihre Neugier erregen, so werden sie mit bis zu 90 Clicks je Sekunde geortet und sondiert. Es ist geradezu rätselhaft, wie das im Vergleich zu den Gehirnen der anderen Delphine weitaus einfachere Gehirn der Indusdelphine imstande ist, diese schwierige Aufgabe zu bewältigen.

Im Unterschied zu ihren Verwandten sind jedoch bei der Platanista außer den Ortungssignalen keine anderen festzustellen. Wale und Meeresdelphine geben neben hochfrequenten Ortungssignalen noch pfeifende, zwitschernde, ja sogar blökende und muhende Laute von sich, die zum Teil eine niedrigere Frequenz aufweisen und für den Menschen hörbar sind. Man nimmt an, daß es sich dabei um Verständigungssignale handelt. Bekanntlich schreibt man den Delphinen sogar eine begriffliche Sprache zu. Die Zukunft wird zeigen, was es damit für eine Bewandtnis hat.

Jene Laute jedenfalls, die unter dem Begriff «Vokalisation» zusammengefaßt werden, fehlen dem Indusdelphin. Es stellt sich die Frage, ob dieser Mangel, wie wir es nennen wollen, mit der geringeren Cephalisation zusammenhängt. Können doch auch Schimpansen keine Sprache im Sinne der menschlichen artikulieren, obgleich sie über einen ähnlich gebauten Kehlkopf verfügen und der feinere Gehirnaufbau dem des Menschen gleichkommt. Allerdings unterscheidet sich das Gehirn des Schimpansen von dem des Menschen durch ein Gewichtsverhältnis von 400 zu 1400 Gramm beträchtlich.

Obwohl die Delphine mit den Primaten keineswegs zu vergleichen sind – sowenig etwa wie die «intelligente» Organisationsform eines Ameisenstaates mit sozialen Organisationsformen des Menschen –, könnte man hier einen Analogieschluß wagen. Etwa indem man sagt, daß Meeresdelphine und Tümmler mit ihren enormen Gehirnen in der Lage sind, mittels des Sonars eine große Skala von Informationen über ihre Umgebung aufzunehmen, zu zergliedern und in eine überaus reich zusammengesetzte Psyche einzubauen. Auch haben diese beiden Arten durch die günstige Gewichtsrelation von Gehirn und Körper, die Cephalisation, gewisse Verständigungsmittel entwickeln können. Hingegen lebt die Platanista aufgrund ihres Milieus eher vereinzelt und in einer viel uniformeren Umwelt, als die mannigfaltige Meereswelt sie darstellt. So ist weder die Möglichkeit noch die Notwendigkeit einer differenzierten Verständigung der Individuen untereinander gegeben, die Psyche mußte zwangsläufig auf einem niedrigen Niveau verharren.

Aber trotzdem: Der Flußdelphin ist ein hochinteressantes Tier. Und je mehr sich der Mensch mit ihm beschäftigt, um so wunderbarere Bereiche eröffnet er dem erkennenden Geist. Man möchte das Problem fast vermenschlichen und sagen, daß die Platanista ein Stiefkind der Natur ist. Ein Lebewesen mit einem traurigen Schicksal; die Natur hat ihm durch die völlige Umgestaltung der Umweltbedingungen jede Möglichkeit zu höherer Entwicklung genommen. Und trotzdem hat dieses Lebewesen die Kraft aufgebracht, einen Ausweg zu suchen und sich hochgradig auf die Bewältigung gerade dieser widrigen Lebensumstände zu spezialisieren – um so zu einer an die Grenzen des Wunderbaren reichenden Lebensform zu gelangen.

Das Hauptergebnis unserer Delphinzählung: Alarm

Kehren wir nun abschließend zurück zum letzten Teil unserer Expedition, dessen selbstgestellte Aufgabe wir einige Jahre später durch einen neuerlichen Aufenthalt in jenem Weltteil weiterführen konnten: zum Auszählen des Delphinbestandes auf der etwa 170 km langen Industrecke zwischen den Staudämmen von Sukkur und Guddu.

Wir zählten zwischen Begari und der Guddusperre 88 Bhulane, die vorwiegend in Gruppen von 5 bis 7 Exemplaren auftraten. Vor Fähren versammelten sich mitunter bis zu 25 Tiere, bei der Einmündung eines Bewässerungskanals hielten sich einmal sogar 30 Tiere auf, und vor einer Siedlung trafen wir 12 an. Nur 4 Delphine beobachteten wir in Regionen, wo es weder eine Siedlung noch eine Fähre oder eine Einmündung gab. Ebensowenig konnten wir in den Bewässerungskanälen selbst oder in Flußregionen, die nach einer Überschwemmung neu entstanden waren, Delphine beobachten.

Auf der Strecke Guddu–Begari und von dort bis zur Lloydsperre bei Sukkur zählten wir 150 Delphine. Bei insgesamt 150 Delphinen auf 170 km Fluß ergibt sich ein Durchschnitt von 0,9 Exemplaren pro Kilometer. Das entspricht einer sehr geringen Populationsdichte. Nach den Aussagen der Eingeborenen soll der Bestand früher viel größer gewesen sein.

Nun hat die Platanista außer dem Menschen keine Feinde. Der Mensch jedoch greift auf zweierlei Arten verhängnisvoll in ihr Leben ein. Erstens wird durch den Bau der Staudämme die früher zusammenhängende Population zerrissen. Die einzelnen Tiergruppen werden voneinander abgeschnitten, größere Wanderungen werden ihnen unmöglich gemacht. So sind sie abhängig von den Lebensumständen in einem weitaus engeren Bereich und können bei etwaigem Fischmangel nicht in Gebiete mit größerem Nahrungsreichtum ausweichen. Auch die Kopulationsmöglichkeiten sind naturgemäß verringert, und so ist die Gefahr der Inzucht gegeben. Ferner wirkt sich der nach Anlage der Dämme meistenteils regulierte und niedrigere Wasserpegel nachteilig auf den Delphinbestand aus, insbesondere in der trockenen Jahreszeit. Südlich der Lloydsperre bei Sukkur ist die einst große Population völlig eingegangen. Welche Folgen die erst späterhin weiter stromaufwärts errichteten, noch gigantischeren Sperren für die Tiere haben werden, läßt sich nur erahnen.

Zu dieser Gefahr gesellt sich eine noch größere, noch direktere, nämlich der Fang durch die Bhulanfischer. Wir haben von dieser Kaste berichtet, die vom Fleisch der Flußdelphine lebt und das ausgekochte Öl auf den Märkten verkauft. Durch den Fang dürften schätzungsweise mindestens so viele Tiere umkommen, wie Junge geboren werden. Dabei werden gerade die geschlechtsreifen, großen Tiere bevorzugt und vor allem die größeren Weibchen gejagt. Somit werden, wenn diese Weibchen schwanger sind, auch die noch ungeborenen Jungen getötet. Was die geschlechtsreifen Tiere anbelangt, so kommen sie vielfach nicht einmal zur Paarung.

Für die Rettung und Erhaltung dieser selten gewordenen Tierart ist es somit fünf Minuten vor zwölf!

Inzwischen hat die Behörde der pakistanischen Provinz Sind, durch unsere seinerzeitigen Berichte alarmiert, beschlossen, den Indus unterhalb der Guddusperre zum Schutzgebiet zu erklären und insbesondere die *Platanista indi* unter Naturschutz zu stellen. Damit wäre zumindest ein Teil dessen erreicht, was wir mit unseren Expeditionen und Studien angestrebt haben. Aber die Maßnahmen der Provinzbehörde müßten eine hinreichende Effektivität garantieren, müßten noch weiter gehen und vor allem einen schwerfälligen Bürokratismus ausschließen. Dies könnte beispielsweise auch dadurch geschehen, daß der praktische Schutz auf rein lokaler Ebene und mit Hilfe der Einwohnerschaft der betreffenden Gegenden durchgeführt wird. Es ist durchaus vorstellbar, die für Personal und Überwachung nötigen Aufwendungen ortsansässigen Pakistanern oder sogar den Bhulanfischern selbst zukommen zu lassen, statt Aufsichtsbehörden einzusetzen. Fänden die Bhulanfischer dergestalt als Staatsangestellte eine Quelle für ihren Lebensunterhalt und eine ehrenvolle Aufgabe, so wären sie von der Jagd unabhängig und stolz genug, ihre neue Pflicht ernst zu nehmen. Der Jäger würde zum Heger. Die Pakistaner sind ein freundlicher, hilfsbereiter Menschenschlag mit einem besonders ausgeprägten Ehrenkodex, sie lieben die Natur und sind für hohe Ziele zu begeistern. Bei entsprechender Aufklärung und Gewährleistung ihrer bescheidenen Existenzansprüche würden sie sich fast von selbst in den Dienst der guten Sache stellen und mithelfen, eine Aufgabe zu erfüllen, die dem Menschen gestellt wurde und dennoch mehr und mehr mißachtet wird: die Aufgabe nämlich, die Wunder der Naturevolution zu pflegen und zu erhalten.

Schlußwort

Am Ende meines Berichtes möchte ich es nicht versäumen, allen jenen Freunden und Kollegen zu danken, die wesentlich zum Gelingen des umfangreichen Forschungsprogrammes über die Flußdelphine beigetragen haben. Einige von ihnen, wie Miss *J. Knuckey,* meine treuen Assistenten Dr. *M. Gihr,* Dr. *C. Kraus* und *K. Zbinden,* sind des öfteren im Buch erwähnt worden. *Natha* und meine Freunde in Sind werden – falls einmal eine Übersetzung dieses Werkes vorliegen sollte – an die gemeinsam verbrachte, oft sehr anstrengende, doch stets ungetrübte und auch fröhliche Zeit zurückdenken. Dr. *William Hadfield* von Tocklai, Assam (jetzt in Ecuador), hat uns während der Assam-Etappe sehr geholfen. Viel habe ich von meinem Freund Dr. *Peter E. Purves* in der von ihm geleiteten Walabteilung des British Museum (N. H.) und während seiner Aufenthalte in unserem Laboratorium gelernt.

Was das Buch selbst betrifft, wäre es niemals ohne die unschätzbare Hilfe meines Wiener Freundes, Herrn *Gerhard Brenner,* zustande gekommen. Ihm verdanke ich die wertvolle Anregung, über die Expeditionserlebnisse systematisch Tagebuch zu führen. Er hat sich auch die nicht geringe Mühe genommen, meine oft zweisprachig verfaßten Missionsberichte, die Skizzen und Aufzeichnungen zu ordnen und die gesamten Texte einer gründlichen Revision zu unterziehen.

Schließlich danke ich von Herzen *meiner lieben Frau,* die mir bei Rückschlägen und in schwierigen Situationen Mut zusprach und stets die Geduld und Kraft aufbrachte, auf die Rückkehr ihres Mannes von oft langen Expeditionen zu warten.

Tiernamen

Säugetiere (Mammalia)

Lutra
Fischottergattung. Die Rasse im Sindtal heißt *Lutra (Lutrogale) perspicillata sindica* POCOCK, 1940. Noch recht häufig, sollte unbedingt unter Schutz gestellt werden.

Canis
Der Goldschakal bildet mehrere geographische Rassen. Die in Sind vorkommende Rasse gehört der Formatypica *Canis aureus aureus* LINNAEUS, 1758, an. Sehr häufig an Ufern und auf Sandbänken, wo er nachts auch Schildkröten und Fische erbeutet.

Platanista
Gattung der Zahnwale aus der Familie der Platanistidae, die zwei Arten umfaßt: *Platanista indi* BLYTH, 1859, endemisch aus dem Indus und *Platanista gangetica* ROXBURGH, 1801, aus dem Ganges, Brahmaputra und Karnaphuli River (Ostbengalen). Der Lokalname in Sindi ist «Bhulan» und in Sanskrit «Susu».

Hemiechinus
Paraechinus
Gattungen aus der Familie der Igel (Erinaceidae, Insectivora). Die häufigste Art in Sind ist *Hemiechinus auritus* GMELIN, 1770, Langohrigel.

Reptilien (Reptilia)

Chitra
Gattung aus der Gruppe der Weichschildkröten. Die Art *Chitra indica* GRAY, 1831 (Kurzkopfweichschildkröte), ist im Indus häufig und kann eine Panzerlänge von 80 cm erreichen. Die Verbreitung reicht von Pakistan nach Thailand.

Hardella
Eine Gattung mit hartem Panzer. Die im Indus beheimatete Art nennt sich *Hardella thurgi* GRAY, 1831 (Diademschildkröte). Sie kommt außerdem noch im Ganges und Brahmaputra vor. Adulte Tiere haben eine Panzerlänge von 50 cm.

Kachuga
Eine aquatische Gattung mit hartem Panzer. «Kachu» (Katschu) bedeutet in Sind Schildkröte. Man kennt aus dem Indus die beiden Arten *Kachuga smithii* GRAY, 1863, und *Kachuga tecta* GRAY, 1831 (Dachschildkröten).

Lissemys
In der Beschaffenheit des Panzers eine Mittelstellung zwischen Weich- und Hartpanzerschildkröten. Die Indusart ist *Lissemys punctata punctata* SMITH, 1931 (indische Klappen-Weichschildkröte).

Trionyx
Flachgebaute Weichschildkröten. Die Indusart *Trionyx gangeticus* CUVIER, 1824 (Dreiklauenschildkröte), kann 15–20 kg Körpergewicht erreichen. Die Verbreitung reicht von Pakistan nach Thailand.

Gavialis
Gavialis gangeticuq GMELIN, 1789, der «Seshar» des Sind, ist ein fischfressendes Krokodil und wird bis 6 m lang. Früher sehr häufig, heute im Indus ausgerottet. Selten im Ganges, Brahmaputra und Sweli River (Oberburma).

Xenochrophis (Natrix)
Xenochrophis piscator SCHNEIDER, 1799, ist eine weitverbreitete Natterart von Borneo über Thailand nach Pakistan.

Amphibien (Amphibia)

Bufo
Bufo stomaticus LÜTKEN, 1863, gewöhnliche Pakistankröte, Familie Bufonidae. Früherer Name: *Bufo andersonii.*

Vögel (Aves)

Anas
Anas acuta LINNAEUS, 1758 (Spiessente), Familie Anatinae.

Ardea
Ardea cinerea LINNAEUS, 1758 (Graureiher), Familie Ardaeidae.

Corvus
Corvus splendens VIEILLOT, 1817 (Glanz- oder Hauskrähe), Famitie Corvidae.

Haliastur
Haliastur indus BODDAERT, 1783 (Brahminenweih), Familie Falconidae.

Haliaëtus
Haliaëtus leucorhyphus PALLAS, 1771 (Bandseeadler), Familie Falconidae.

Psittacula
Psittacula krameri SCOPOLI, 1769 (Kleiner Alexandersittich), Familie Psittacidae.

Riparia
Riparia paludicula VIEILLOT, 1817 (indische Uferschwalbe), Familie Hirudinidae.

Sterna
Sterna aurantia GRAY, 1831 (indische Seeschwalbe), Familie Laridae.

Tringa
Tringa hypoleucus LINNAEUS, 1758 (gewöhnlicher Sandpfeifer), Familie Charadriidae.

Turdoides
Turdoides sommervillei SYKES, 1832 (Bengalen-Drossling), Familie Timalidae.

Literatur

ALCOCK, A.: JOHN ANDERSON. First Superintendent of the Indian Museum, 1865–1886. In: The Indian Museum 1814–1914, pp. 111–116, Calcutta 1914.

ALI, S.: The book of Indian Birds, 162 p. Bombay Nat. Hist. Soc. 1964.

ANDERSON, J.: Anatomical and Zoological Researches; Comprising an Account of the Zoological Results of the Two Expeditions to Western Yunnan in 1868 and 1875 and a Monograph of the Two Cetacean Genera *Platanista* and *Orcella.* 2 Vols., B. Quaritch, London 1878.

BLANFORD, W. T.: Fauna of British India: Mammalia. 617 p. Taylor and Francis, London, Calcutta, Bombay 1888–1891.

BURNES, A.: A Voyage on the Indus. 357 p. Oxford Univ. Press, Karachi, London, New York 1973.

BURTON, R.: Sindh and the Races that inhabit the valley of the Indus. Oxford Uni. Press, Karachi 1973 (Repr.).

DAS, H. P.: Geography of Assam. 168 p. Nat. Book Trust, New Delhi 1970.

DAY, F.: The Fishes of India. 778 p. and 1 Atlas. (Repr.) Today & Tomorrow's Book AG., New Delhi 1971.

ELLERMAN, T. R, and MORRISON-SCOTT, T. C. S.: CHECKLIST of PALAEARCTIC and INDIAN MAMMALS 1758 to 1946. 2nd Ed., 810 p. BRITISH MUS.(N. H.), London 1966.

FRASER, F. C. and PURVES, P. E.: Hearing in Cetaceans. Bull. British Mus. (N. H.), Zool. **7,** 1–140 (1960).

FAIRLEY, J.: The Lion River. 290 p. Allen Lane, London 1975.

LAMBRICK, H. T.: Sind. A General Introduction (History of Sind, Vol. I), 274 p. Sindhi Adabi Board, Hyderabad 1964.

MANI, M. S.: Ecology and Biogeography in India. 773 p. Junk, The Hague 1974.

MERTENS, R.: Die Amphibien und Reptilien West-Pakistans. Stuttgarter Beitr. Naturkunde. No 197, 96 p. staatl. Mus. für Naturkunde, Stuttgart 1969.

MINTON, S. A.: A Contribution to the Herpetology of West Pakistan. Bull. Amer. Mus. Nat. Hist. *134,* 27–184 (1966).

MISRA, S. W.: Rivers of India. 188 p. Nat. Book Trust, New Delhi 1969.

MURRAY, J. A.: The Vertebrate Zoology of Sind. A Systematic Account. Richardson & Co., London 1884.

PILLERI, G.: *Platanista gangetica,* a Dolphin that swims on its Side. Rev. Suisse Zool. *76,* 57–91 (1969).

PILLERI, G.: Wissenschaftliche Expedition des Berner Hirnanatomischen Institutes nach Westpakistan und Assam im Jahre 1969 zur Erforschung des Gangesdelphins *(Platanista gangetica)*. Vierteljahrschr. Naturf. Ges. Zürich *115*, 281–322 (1970).

PILLERI, G. (Ed.): Investigations on Cetacea. Voll. II, 296 p. Hirnanatomisches Institut, Berne 1970.

PILLERI, G. (Ed.): Investigations on Cetacea. Vol. III. 377 p. Hirnanatomisches Institut, Berne 1971.

PILLERI, G.: Intelligenz unter Wasser: das Gehirn des Delphins. Nautilus, Nr. 9, p. 2–3, Basel 1971.

PILLERI, G. (Ed.): Investigations on Cetacea. Vol. IV. 300 p. Hirnanatomisches Institut, Berne 1972.

PILLERI, G.: Side-Swim, Vision and Sense of Touch in *Platanista indi* (Cetacea, Platanistidae). Experientia *30*, 100–104 (1974).

PILLERI, G., and KNUCKEY, J.: Behaviour Patterns on Some Delphinidae Observed in the Western Mediterranean. Z. Tierpsychol. *26*, 48–72 (1969).

PILLERI, G., GIHR, M., and KRAUS, C.: The Structure of the Cerebral Cortex of the Gangetic Dolphin *(Platanista gangetica)*. Z. mikr. anat. Forschg. *79*, 373–388 (1968).

PURVES, P. E.: Anatomical and Experimental Observations on the Cetacean Sonar System. In: Les systèmes sonars animaux (R. G. BUSNEL ed.) Vol. 1, pp. 197–270. Lab. Physiol. acoust. INRA, Jouy en Josas 1966.

PURVES, P. E., and PILLERI, G.: Observations on the Ear, Nose, Throat and Eye of *Platanista indi*. In: Investigations on Cetacea, ed. G. PILLERI, Vol. V, pp. 13–57, Berne 1973.

PURVES, P. E., and VAN UTRECHT, W. L.: The Anatomy and Function of the Ear of the Bottlenosed Dolphin *Tursiops truncatus*. Beaufortia *9*, 241–256 (1963).

ROXBURGH, W.: An Account of a New Species of Delphinus, an Inhabitant of the Ganges. Asiat. Res. (Print. *verbatim* from the Calcutta Ed.). London *7*, 170–174 (1803).

SORLEY, H. H.: The Former Province of Sind. 809 p. and app. I–X. In: The Gazette of West Pakistan, Government of West Pakistan 1968.

STERNDALE, R. A.: Natural History of Mammalia of India and Ceylon. 540 p. Thaker, Spink & Co., Calcutta 1884.

THENIUS, E.: Phylogenie der Mammalia. 722 p. W. de Gruyter & Co., Berlin 1969.

WADIA, D. N.: Geology of India. 3rd Ed. 536 p. McMillan, London 1966.

WHEELER, M. Sir: The Indus Civilization. 3nd Ed. 144 p. Cambridge University Press, Cambridge 1960.

Register

(die Zahlen in *Kursiv* entsprechen den Abbildungen)

0
30
60
90
120
150
60
30
0
30
PAKISTAN
INDIA
CHINA
EAST CHINA SEA
SOUTH CHINA SEA
LIPOTES VEXILLIFER
(TUNG-TING LA
PLATANISTA INDI
(INDUS)
PLATANISTA GANGETICA
(GANGES BRAHMAPUTRA)
INDIAN OCEAN